智慧农业
关键技术与应用

主　编◎周先存　黄友锐　孔　敏
编　者◎周先存　黄友锐　孔　敏　常志强
陈振伟　方宜娇　董晓娟　姜　斌
蒋　庆　凌海波　李祖松　马　艳
温晓琴　杨亚东　张　晶　张金宏
周　全　尹　莹

Key Technologies and Applications of Smart Agriculture

北京师范大学出版集团
BEIJING NORMAL UNIVERSITY PUBLISHING GROUP
安徽大学出版社

内容简介

本书系统地梳理和阐述了智慧农业关键技术、原理与典型应用，重点介绍物联网技术在智慧农业中的应用，深入分析了智慧农业中的先进感知技术、高速传输技术和智能处理技术，并结合种植、养殖等应用场景，介绍了物联网、云计算、大数据、区块链和人工智能技术在现代农业中的应用。内容涉及面广，跨学科知识纵横深入，具有交叉性与实用性。

本书适合智慧农业、物联网工程和农业物联网工程等专业作为教材使用，也适合电子信息、农业工程与信息技术等专业研究生和农业信息化领域的科研工作者阅读参考。

图书在版编目(CIP)数据

智慧农业关键技术与应用/周先存，黄友锐，孔敏主编. —合肥：安徽大学出版社，2024. 4

ISBN 978-7-5664-2547-8

Ⅰ. ①智… Ⅱ. ①周… ②黄… ③孔… Ⅲ. ①智能技术—应用—农业技术—研究 Ⅳ. ①S126

中国版本图书馆 CIP 数据核字(2022)第 249094 号

智慧农业关键技术与应用

ZHIHUI NONGYE GUANJIAN JISHU YU YINGYONG

周先存 黄友锐 孔 敏 主编

出版发行：北京师范大学出版集团
安徽大学出版社
(安徽省合肥市肥西路 3 号 邮编 230039)
www.bnupg.com
www.ahupress.com.cn

印 刷：合肥创新印务有限公司
经 销：全国新华书店
开 本：710 mm×1010 mm 1/16
印 张：14
字 数：237 千字
版 次：2024 年 4 月第 1 版
印 次：2024 年 4 月第 1 次印刷
定 价：50.00 元
ISBN 978-7-5664-2547-8

策划编辑：刘中飞 宋 夏
责任编辑：宋 夏 王梦凡
责任校对：陈玉婷
装帧设计：李 军
美术编辑：李 军
责任印制：赵明炎

版权所有 侵权必究

反盗版、侵权举报电话：0551－65106311
外埠邮购电话：0551－65107716
本书如有印装质量问题，请与印制管理部联系调换。
印制管理部电话：0551－65106311

前 言

随着我国乡村振兴战略的深入实施，物联网、大数据、云计算和人工智能等技术在农业中的应用逐步深入。通过实现农业的信息化、智能化和智慧化，传统农业正朝着智慧农业加速转变。智慧农业涉及农业工程、计算机科学与技术等多个学科，智慧农业专业人才供给不足是制约农业建设发展的重要因素之一。目前，智慧农业相关教材匮乏，这不利于现代农业人才培养。因此，本书作者组织撰写了《智慧农业关键技术与应用》一书，重点阐述智慧农业中的现代信息技术与应用，为智慧农业专业人才培养提供支撑。

本书用分层架构思想，首先阐述了农业信息感知、农业信息传输和农业信息处理等技术原理；然后从智能种植、智能水产养殖和智能畜禽养殖三个不同场景阐述了物联网在现代农业中的应用，重点介绍了农业数字化车间、螃蟹物联网养殖等具体应用；最后，介绍了农产品溯源和农业物联网安全。读者从中可以全面了解物联网、云计算、大数据、区块链和人工智能技术在农业领域的应用。

由于时间仓促，编者水平有限，加之智慧农业方面可供参考的资料不多，书中难免存在不足与疏漏，希望读者多多提出宝贵建议。读者在阅读本书过程中如果遇到问题，发现错误，或对本书内容与结构方面有任何意见和建议，请发送邮件至 zhouxc106@163. com。我们将会根据读者的宝贵意见不断改进。

编 者

2022 年 10 月

目　录

第1章 绪 论

1.1 物联网

1.1.1 物联网的定义

随着感知识别技术的快速发展，以传感器和智能识别终端为代表的信息自动生成设备可以实时、准确地开展对物理世界的感知、测量和监测。物理世界的联网需求和信息世界的扩展需求催生了一类新型网络——物联网(internet of things, IoT)，即“万物相连的互联网”。物联网是一种在互联网基础上延伸和扩展的网络，也是实现“物”与“物”之间信息交互的网络。它可以通过射频识别、红外感应器、全球定位系统、激光扫描器等信息传感设备，按约定的协议，使任何物品与互联网相连接，使它们进行信息交换和通信，以实现智能化识别、定位、跟踪、监控和管理。物联网也是基于互联网与电信网等各种信息承载体，让所有能够被独立寻址的普通物理对象实现互联互通的网络。

1.1.2 物联网的发展历程

“物联网”一词最早出现在比尔·盖茨于1995年创作的《未来之路》一书中，但受限于当时无线网络、硬件及传感设备的发展，并未引起世人的重视。

1998年，美国麻省理工学院创造性地提出了电子产品代码(electronic product code, EPC)系统的物联网构想。EPC系统的目标是为每一个单品建立全球的、开放的标识标准，由全球产品代码的编码体系、射频识别系统及信息网络系统三部分组成。

1999年，美国Auto-ID提出“物联网”主要建立在物品编码、射频识别(radio frequency identification, RFID)技术和互联网的基础之上。中国科学院1999年启动了传感网(物联网)的研究，并取得了一些科研成果，建立了一些适用的传感网。同年，在美国召开的移动计算和网络国际会议提出“传感网是下一个世纪人类面临的又一个发展机遇”。

2003年，美国《技术评论》提出“传感网络技术将是改变人们生活的十大技术之首”。2005年11月17日，在突尼斯举行的信息社会世界峰会(world summit on the information society，WSIS)上，国际电信联盟(International Telecommunication Union，ITU)发布了《ITU 互联网报告 2005：物联网》，正式提出了"物联网"的概念。报告指出，无所不在的"物联网"通信时代即将来临，世界上所有的物体，从轮胎到牙刷、从房屋到纸巾，都可以通过因特网主动进行信息交换。射频识别技术、传感器技术、纳米技术、智能嵌入技术将得到更加广泛的应用和关注 。

2021 年 7 月 13 日，中国互联网协会发布《中国互联网发展报告(2021)》，指出物联网市场规模达 1.7 万亿元，人工智能市场规模达 3031 亿元。

2021 年 9 月，工信部等八部门印发《物联网新型基础设施建设三年行动计划(2021—2023 年)》，明确到 2023 年底，在国内主要城市初步建成物联网新型基础设施，使社会现代化治理、产业数字化转型和民生消费升级的基础更加稳固。

1.1.3 物联网的体系架构

物联网的体系架构包括感知层、传输层和应用层三个层次，如图 1-1 所示。

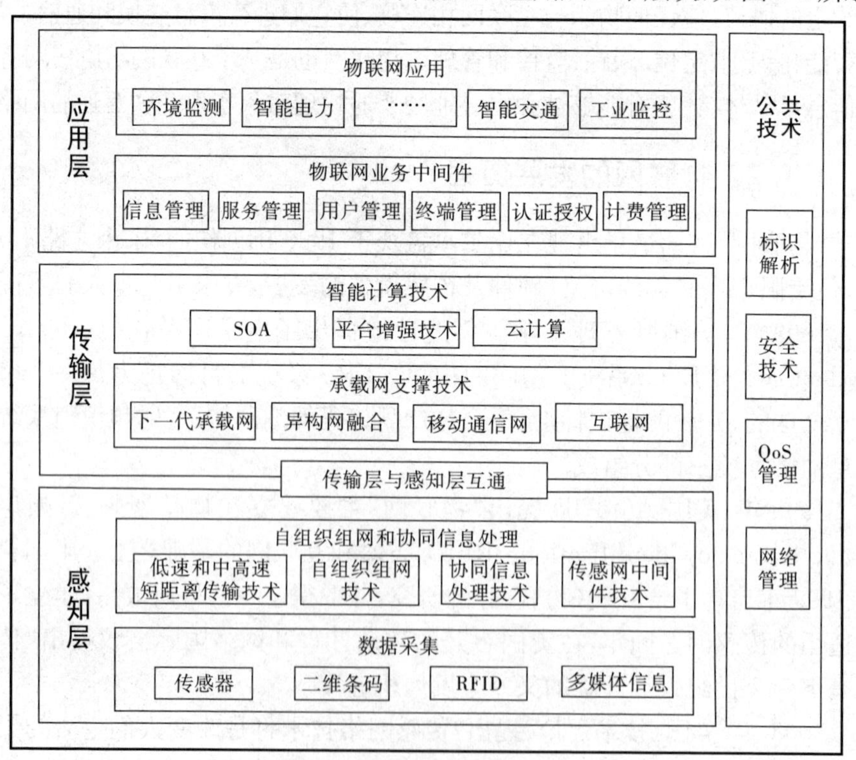

图 1-1 物联网的体系架构

1. 感知层

感知层主要用于采集物理世界中发生的物理事件和数据，包括各类物理量、标识、音频和视频数据。物联网数据采集涉及的技术有多种，主要包括传感器、RFID、多媒体信息采集、实时定位等。传感器网络组网和协同信息处理技术实现传感器、RFID 等数据采集技术所获取数据的短距离传输、自组织组网，以及多个传感器对数据的协同信息处理。

2. 传输层

传输层不仅提供互联网功能，还提供更加广泛的互联互通功能。在理想的物联网中，传输层可以把感知层感知到的信息无障碍、高可靠、高安全地传输。为了实现这一宏伟目标，需要将传感器网络与移动通信技术、互联网等技术融合。目前，移动通信技术、互联网技术都已经比较成熟，基本上可以满足要求，随着技术的发展，这些功能将会更加完善。

3. 应用层

应用层主要包含支撑平台子层和应用服务子层。支撑平台子层用于支撑跨行业、跨应用、跨系统的信息协同、共享和互通功能。应用服务子层包括智能家居、智能电网、智能交通和智能物流等行业应用。

1.1.4　物联网的应用

物联网经过近 30 年的发展，已经在许多领域得到应用，如智慧城市、智慧医疗、智慧交通、智慧物流、智慧工业、智慧农业等。

1. 智慧城市

智慧城市管理是利用物联网、移动网络等技术感知各种信息并整合各种专业数据所建立的集行政管理、城市规划、应急指挥、决策支持与社会服务等综合信息为一体的城市综合运行管理体系。

智慧城市管理与运行体系在业务上涉及公安、娱乐、餐饮、国土、环保、城建、交通、水务、卫生、规划、城管、林业、质监、食品药品、安全监管、水电气、电信、消防、气象等部门的相关业务。以城市管理的部件和事件为核心，以事件联动处置为主线，强化资源整合、信息共享和业务协同，实现政府组织结构和工作流程的优化重组，促进政府工作由管理主导型向服务主导型转变。

2. 智慧医疗

智慧医疗是利用物联网及传感器技术，实现患者与医务人员、医疗机构和医疗设备的互动，进而实现医疗过程的信息化和智能化。

智慧医疗使从业医生能够搜索和引用大量科学证据来支持其诊断，并且通过网络技术实现远程诊断、远程会诊、远程探视、临床智慧决策、智慧处方等功能。同时还可以使医生、医疗研究人员、药物供应商、保险公司等整个医疗生态圈的许多群体受益。在不同医疗机构间建立医疗信息整合平台，将医院之间的业务流程进行整合，使医疗信息和资源可以共享，使患者跨医疗机构也可以进行在线预约和双向转诊，使“小病在社区，大病进医院，康复回社区”的居民就诊就医模式成为现实，大幅提升医疗资源的合理化分配，真正做到以患者为中心。

3. 智慧交通

智慧交通系统是将先进的信息技术、数据通信传输技术、电子传感技术、控制技术及计算机技术等有效地集成，运用于整个地面交通管理系统而建立的一种在大范围内、全方位发挥作用，实时、准确、高效的综合交通运输管理系统。

智慧交通可以有效地利用现有交通设施来降低交通负荷，减少环境污染，维护交通安全，提高运输效率。智慧交通的发展依靠物联网技术的发展，只有物联网技术不断发展，智慧交通系统才能越来越完善。

21世纪是公路交通智能化的时代，人们将要采用的智慧交通系统是一种先进的一体化交通综合管理系统。在该系统中，车辆靠自己的智能在道路上自由行驶，公路靠自身的智能将交通流量调整至最佳状态，借助智慧交通管理系统，管理人员可以对道路、车辆、人员进行更加科学、严谨的智能化管理与智慧决策。

4. 智慧物流

IBM于2009年提出建立一个面向未来的，具有先进、互联和智能三大特征的供应链，通过感应器、RFID标签、制动器、GPS和其他设备及系统生成实时信息的“智慧供应链”概念，紧接着又延伸出了“智慧物流”概念。与智慧供应链强调构建一个虚拟的物流动态信息化的互联网管理体系不同，智慧物流更重视将物联网、传感网与现有的互联网整合起来，通过精细、动态、科学的管理，实现物流的自动化、可视化、智能化和网络化，从而提高资源利用率和生产力水平，创造社会价值更丰富的综合内涵。

智慧物流是利用集成智能化技术，使物流系统能模仿人的智能，具有思维、感知、学习、推理判断和自行解决物流中某些问题的能力，即在流通过程中获取信息、分析信息并作出决策，使商品从源头开始被实施跟踪与管理，实现信息流快于实物流，亦可通过RFID、传感器和移动通信技术使配送货物自动化、信息化和网络化。

5. 智慧工业

物联网在工业领域的应用主要体现在供应链管理、生产过程自动化、产品和设备的监控与管理、环境监测和能源管理、安全生产管理等领域。与很多领域一样，工业生产的信息化和自动化虽然取得了极大的进步，但该子系统相对独立，协同程度不高。先进制造技术与先进物联网技术的结合，各种先进技术的应用，将使工业生产变得更加智能，更靠近智慧工业。

6. 智慧农业

智慧农业是将物联网技术运用到传统农业中，改造传统农业的运维方式，运用传感器和软件，通过移动平台或者计算机平台对农业生产进行控制，使传统农业具有智慧决策、智慧处理、智能控制等功能。除了精准感知、控制与决策管理之外，从广泛意义上讲，智慧农业还包括农业电子商务、食品防伪溯源、农业休闲旅游，以及针对农业、农村、农民等的信息服务。

智慧农业是农业生产的高级阶段，是集新兴的物联网技术、互联网技术、移动互联网技术、云计算技术为一体的智能化信息管理与决策控制系统，依托部署在农业生产现场的各种传感仪器和无线通信网络实现农业生产环境的智能感知、智能预警、智能决策、智能分析、专家在线指导，为农业生产提供精准种植、精准养殖、精准畜牧于一体的可视化管理、智能化决策系统。通过将计算、传感网、“3S”等多种信息技术综合、全面地应用于农业，实现更完备的信息化基础支撑、更透彻的农业信息感知、更集中的数据资源、更广泛的互联互通、更深入的智能控制和更贴心的公众服务。“智慧农业”与现代生物技术、种植技术等高新技术融于一体，对建设世界水平农业具有重要意义。

1.2 农业物联网

1.2.1 农业物联网的架构

农业物联网主要包括三个层次:感知层、传输层和应用层。第一层是感知层,以包括 RFID 条形码、传感器等设备在内的传感器节点为主,可以实现信息实时动态感知、快速识别和信息采集,感知层主要采集内容包括农田环境信息、植物养分及生理信息等;第二层是传输层,可以实现远距离无线传输物联网采集的数据信息,在农业物联网上主要反映为大规模农田信息的采集与传输;第三层是应用层,该系统可以通过数据处理及智能化管理、控制来提供农业智能化管理,结合农业自动化设备实现农业生产智能化与信息化管理,达到在农业生产中节省资源、保护环境和提高产品品质及产量的目的。农业物联网的三个层次分别赋予了物联网全面感知信息、可靠传输数据、有效优化系统及智能处理信息等功能。农业物联网基本架构如图 1-2 所示。

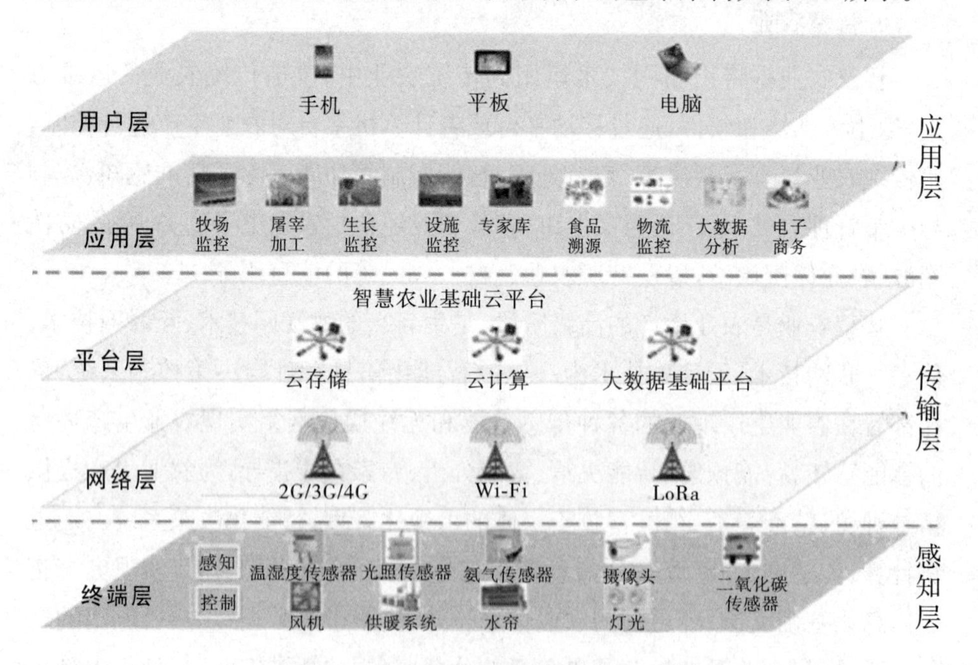

图 1-2 农业物联网基本架构

1.2.2　农业物联网的特点

物联网、无线自组织网络在国内外研究应用都非常广泛，尤其在工业控制领域，物联网的组网通信协议研究也随之成为研究热点。物联网应用环境不一样，往往导致它的通信协议并不一定完全兼容于其他场合，如环境监测、农场机械、精准灌溉、精准施肥、病虫害控制、温室监控、大田果园监控、精准畜牧等，不同的应用环境需要不同的组网方式。传统的无线网络包括移动通信网、无线局域网、蓝牙技术通信网络等，这些网络通信设计都是针对点对点传输或多点对一点传输方式，然而，物联网的功能不仅是点对点或多点对一点的数据通信，它在通信方面有更高的目标和要求。

20世纪末以来，美国、日本等发达国家和一些欧洲国家都相继启动了许多关于无线传感器网络的研究计划，比较著名的计划有Sensor IT、WINS、SmartDust、SeaWeb、Hourglass、SensorWebs、IrisNet、NEST等。美国国防部、航空航天局等多个部门投入巨资支持对物联网开发技术的研究与物联网发展。然而，农业物联网所处物理环境及网络自身状况与工业物联网有本质区别。农业物联网的主要特点有以下几个。

1. 大规模农田物联网采集设备布置稀疏

农业物联网设备成本低，节点稀疏，布置面积大，节点与节点之间的距离较远。对于实际农业生产而言，现阶段普通农作物收益并不高，农田面积大，投入成本有限，大规模农田在物联网设备投入方面决定了大面积农田很难密集布置传感节点。另外，大面积地在农田里铺设传感节点不仅会给农业作业带来许多干扰，特别对农业机械化作业形成较大的阻碍，还会给传感节点的维护带来诸多不便，造成传感网络维护成本过高等问题。可以根据实际情况将大规模农田划分成若干个小规模的区域，可以近似地认为每个小区域环境相同、土质和土壤养分含量基本相同。因此，在每一个小区域里铺设一个传感器节点基本可以满足实际应用需要。

2. 农业传感节点要求传输距离远、功耗低

对于较大规模的农田，物联网信息采集节点与节点之间的距离往往会比较大。由于布置在农田中，传感节点一般无人维护，也无市电供电，因此，农业物联网不仅要求传感节点传输距离远，还要求传感节点功耗低，要满足在低成本太阳能供电情况下长期不断电的工作要求。

3. 农业物联网设备要稳定可靠，具有自维护、自诊断能力

由于农业物联网设备基本布置在野外，而且作物的生长会影响信息的无线传输，因此，要求农业物联网设备能在高温、高湿、低温、雨水等环境下连续不间断运行。同时，由于农业从业人员文化素质不高，缺乏设备维护能力，因此，农业物联网设备必须稳定可靠，而且要具有自维护、自诊断的能力。

4. 农业物联网设备位置不宜经常大范围变动

农业物联网信息采集设备一旦安装完成，不宜经常大范围调整位置。在特殊需要时也只宜小范围调整某些节点，移动的节点结构在网络分布图内不宜有太大的变化。

综上所述，农业物联网技术应用特点及环境与工业物联网有明显区别。工业组网的规则不一定能满足农业物联网信息的传输需求。

1.2.3 农业物联网的应用

近些年，农业物联网在我国如火如荼地发展，我国农业的物联网应用主要实现农业资源、环境、生产过程、流通过程等环节信息的实时获取和数据共享，以保证产前正确规划，提高资源利用效率；产中精细管理，提高生产效率，实现节本增效；产后高效流通，实现安全溯源等多个方面的提升。虽然取得了长足进步，但多数应用还处于试验示范阶段，与国外比起来依然存在一些差距。美国、欧洲的一些发达国家和地区相继开展了农业领域的物联网应用示范研究，实现了物联网在农业生产、农业资源利用、农产品流通、精细农业的实践与推广等方面的应用，形成了一批良好的产业化应用模式，推动了相关新兴产业的发展，同时还促进了农业物联网与其他物联网的互联，为建立无处不在的物联网奠定了基础。农业物联网的应用主要集中在农业资源监测与利用、农业生态环境监测、农业生产精细管理、农产品安全溯源和农业物联网云服务等领域。

1. 农业资源监测与利用领域

在农业资源监测与利用领域，利用各种资源卫星收集国土资源情况，利用先进的传感器、信息传输和互联网等综合化信息监测、传输、分析平台实现区域农业的统筹规划和资源监测。例如，美国加州大学洛杉矶分校建立的林业资源环境监测网络，通过对加州地区的森林资源进行实时监测，为相应部门提供实时的资源利用信息，为统筹管理林业提供支撑。再如，欧洲主要利用资源卫星对土地利用信息进行实时监测，其中，法国利用通信卫星技术对灾害性天气进行预报，对病虫害进行测报。

2. 农业生态环境监测领域

在农业生态环境监测领域，农业物联网主要利用高科技手段构建先进农业生态环境监测网络，利用无线传感器技术、信息融合传输技术和智能分析技术感知生态环境变化。例如，美国加州大学伯克利分校的研究人员通过无线传感器网络对大鸭岛上海燕的栖息情况进行了9个月周期性的监测，采用区域化静态MICA传感器节点部署，实现了无入侵、无破坏地对敏感野生动物及其栖息地的监测。美国、法国和日本等一些国家主要建立可综合运用并覆盖全国的农业信息化平台，实现对农业生态环境的自动监测，保证农业生态环境的可持续发展。

3. 农业生产精细管理领域

在农业生产精细管理领域，将光、温、水、气、土、生物等农业物联网传感器布局于大田作物生产、果园种植、畜禽水产养殖等方面，实现不间断化感知、实时化决策、精细化生产。例如，2002年英特尔公司率先在美国俄勒冈州建立了世界上第一个无线传感器网络葡萄园；通过采用Crossbow公司的Mote系列传感器，每隔一分钟采集一次光照、土壤温湿度等数据，实时监控葡萄生长环境的细微变化，确保葡萄的健康生长。2004年，美国佐治亚州的两个农场使用了与无线互联网配套的远距离视频系统和GPS定位技术，分别监控蔬菜的包装和灌溉系统。荷兰VELOS智能化母猪管理系统，能够实现自动供料、自动管理、自动数据传输和自动报警。泰国也初步形成了小规模的水产养殖物联网，解决了RFID技术在水产领域的应用难题。

4. 农产品安全溯源领域

在农产品安全溯源领域，利用条码技术和RFID技术等来跟踪、识别、监测农产品的生产、运输、消费过程，保证农产品的质量安全。例如，从2001年起,加拿大肉牛使用一维条形码耳标之后又过渡到电子耳标;2004 年,日本基于 RFID 技术构建了农产品追溯试验系统,利用 RFID 标签,实现了对农产品的流通管理和个体识别。近年来,RFID 的应用更加广泛,并由此形成了自动识别技术与装备制造产业。据美国市调公司 ABI Research 发布的 2007 年第一季度报告显示,2006 年全球 RFID 市场规模为 38.12 亿美元,其中亚太地区已跃升为全球最大市场,规模为 14.07 亿美元。

5. 农业物联网云服务领域

云存储、云计算和云分析等方面的平台纷纷被建立。2007 年,Google 第一次提出“云计算”概念。2008 年,微软推出 Windows Azure 操作系统,力图在互联网架构上搭建新的云计算平台。亚马逊使用弹性计算云(elastic compute cloud, EC2)和简单存储服务(simple storage service, S3)为企业开展云计算和存储服务。美国政府推出了包括美国农业部在内的各大部委主要数据的大型数据开发平台 USA. gov,并且开发了第一个云计算成果 Apps. gov 网站。日本从 2009 年 5 月开始致力于建设 Kasumigaseki Cloud 系统,打造日本云计算战略部署。

将云技术迁移到农业领域可以更好地促进农业物联网的发展。在农业云平台上,云存储通过在线存储、网络硬盘等方式解决了农业信息资源分散、行业条块分割和涉农信息与资源整合不够的问题,云计算针对农业也逐步完善基础设施即服务(Infrastructure as a Service, IaaS)、平台即服务(Platform as a Service, PaaS)、软件即服务(Software as a Service, SaaS)的架构模式。“平台上移、服务下延”的模式变得更加泛在,云服务使农业物联网的发展变得更加及时、方便和泛在。

1.3 智慧农业

智慧农业依托部署在农业生产现场的各种传感器节点(用于监测环境温湿度、土壤水分、二氧化碳等)和无线通信网络实现农业生产环境的智能感知、智能预警、智能决策、智能分析、专家在线指导等,为农业生产提供精准化种植养殖、可视化管理、智能化决策等。智慧农业技术体系主要包括农业物联网、农业大数据和农业云平台等。充分应用现代信息技术成果,集成应用计算机与网络技术、物联网技术、视频技术、传感器技术、无线通信技术及人工智能技术，实现农业可视化远程诊断、远程控制、灾变预警等智能管理、远程诊断交流、远程咨询、远程会诊，逐步建立农业信息服务的可视化传播与应用模式，并实现对农业生产环境的远程精准监测和控制，提高设施农业建设管理水平，依靠存储在知识库中的农业专家的知识，运用推理、分析等方法，指导农牧业进行生产和流通作业。通过对科学技术的综合运用，有效连接农业生产的各个环节，实现智能的农业生产。发展智慧农业能够显著提高农业生产经营效率，不仅解决了农业劳动力日益紧缺的问题，而且实现了农业生产高度规模化、集约化和工厂化，提高了农业生产对自然环境风险的应对能力，使弱势的传统农业成为高效率的现代产业。

第 2 章　农业信息感知

2.1　传感器

传感器是人们获取环境信息的主要途径与手段。人们通过视觉、听觉、嗅觉、味觉、触觉获取环境信息，再经过大脑的思维（信息处理）作出相应的反应（动作）。在生产生活中，传感器就像人的五官，获取环境中的信息数据，电子计算机相当于人的大脑，进行数据处理，再通过自动化装置来代替人的劳动，如图 2-1 所示。

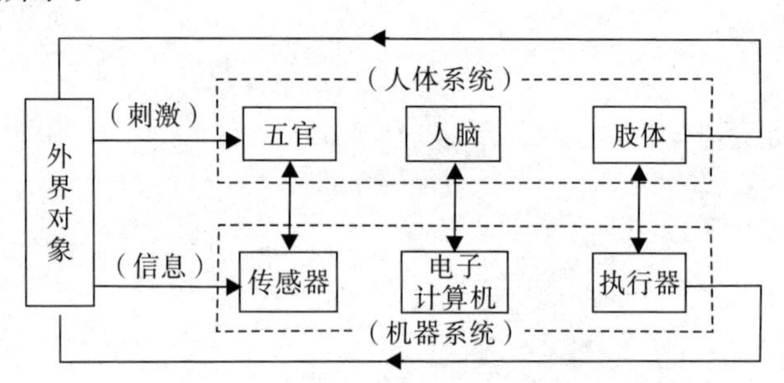

图 2-1　人体系统与智能系统的对比

2.1.1　传感器概述

1. 传感器的定义

根据国家标准《传感器通用术语》(GB/T 7665-2005)，传感器（transducer/sensor）是能感受到被测量并按照一定的规律转换成可用输出信号的器件或装置，通常由敏感元件和转换元件组成。其中，敏感元件是传感器中能直接感受或响应被测量的部分，转换元件则是指传感器中能将敏感元件感受或响应的被测量转换为适于传输和处理的电信号的部分。

传感器是一种以一定的精确度把被测量转换为与之有确定对应关系的、

便于应用的某种物理量的测量装置。它包含以下几个方面的意思。

①传感器是测量装置,能完成检测任务。

②它的输入量是某一被测量,可能是物理量,也可能是化学量、生物量等。

③输出量是某种物理量,这种量要便于传输、转换、处理、显示等,这种量可以是气、光、电,主要是电。

④输入输出有对应关系,且应有一定的精确度。

传感器一般由敏感元件、转换元件、转换电路三部分组成,如图 2-2 所示。

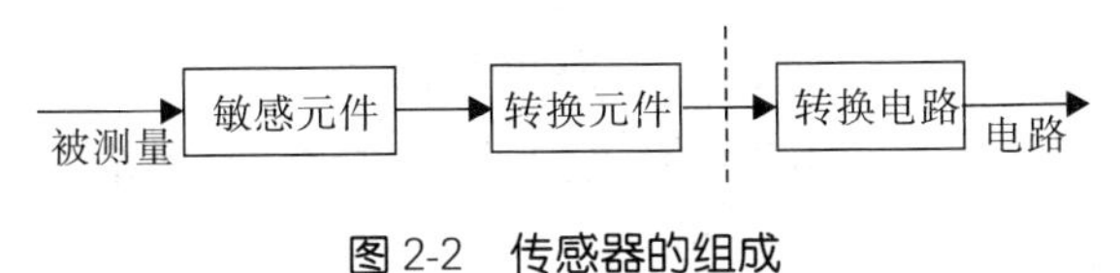

图 2-2　传感器的组成

敏感元件(sensitive element):直接感受被测量,并输出与被测量成确定关系的某一物理量的元件。

转换元件(transduction element):以敏感元件的输出为输入,把自身输入转换成电路参数的元件。

转换电路(transduction circuit):将转换电路参数接入转换电路便可转换成电量输出。

有些传感器很简单,仅由一个敏感元件(兼作转换元件)组成,它感受被测量时直接输出电量,如热电偶。有些传感器由敏感元件和转换元件组成,没有转换电路。有些传感器,转换元件不止一个,要经过若干次转换。

2. 传感器的作用

传感器实际上是一种功能块,其作用是将来自外界的各种信号转换成电信号,如图 2-3 所示。

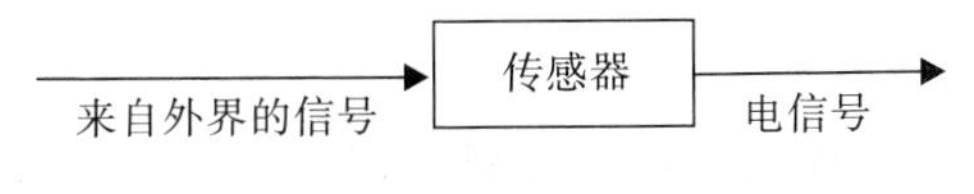

图 2-3　传感器的作用

传感器所检测的信号显著增加,其品种也繁多。为了对各种各样的信号进行检测、控制,就必须获得尽量简单、易于处理的信号,这样的要求只有电信号能够满足。电信号能较容易地被进行放大、反馈、滤波、微分、存储、远距离操作等处理。

传感器技术在工业自动化、军事国防和以宇宙开发、海洋开发为代表的尖端科学与工程等重要领域应用广泛。同时，它正以自己的巨大潜力，向与人们生活密切相关的方面渗透。生物工程、医疗卫生、环境保护、安全防范、家用电器、网络家居等方面的传感器层出不穷，并在日新月异地发展。

2.1.2 传感器分类

传感器的种类非常多，现有的传感器超过 3 万种，常见的传感器包括压力传感器、力敏传感器、热敏传感器、湿度传感器、位置传感器、水位传感器、能耗传感器、速度传感器、加速度传感器、振动传感器、磁敏传感器、真空度传感器、生物传感器和视频传感器等。

传感器分类方法较多，可以按照基本效应、被测参数、输出信号、转换原理等方式分类。目前采用较多的传感器分类方式主要有以下几种。

1. 按基本效应分类

按基本效应分类，传感器可以分为物理传感器、化学传感器和生物传感器。

物理传感器依靠传感器的敏感特性材料本身的物理特性变化或者转换元件的结构参数变化来实现信号变换。如测量体温用的水银温度计，利用了水银的热胀冷缩原理。当环境温度变化时，水银柱会随之出现长短变化，可以用来标识温度的变化。

化学传感器则用传感器的敏感材料进行化学反应来实现信号的转换，用于检测化学物质的成分及含量。如厨房的烟雾传感器会跟煤气中的甲烷气体等进行化学反应，导致传感器的电阻值减小，通过电路可以迅速地检测到异常，来保障居民的人身财产安全。

生物传感器利用生物活性物质选择性识别来实现生物化学物质的测量。

2. 按能量供给方式分类

按能量供给方式分类，传感器可以分为有源传感器和无源传感器两类。

有源传感器不需要外界提供能量就能将被测量转化为电能量，输出信息直接变成另一种能量形式，不需要外接的能源或激励源。

无源传感器输出的电信号是由外界电源提供的。

3. 按被测参数分类

按照传感器的输入量或者被测参数分类，传感器可以分为位移传感器、速度传感器、温度传感器、湿度传感器、压力传感器、加速度传感器等。这也是人们常用的分类方式。

4. 按输出信号分类

按照输出信号分类，传感器可以分为模拟传感器和数字传感器。模拟传感器将被测量转换成模拟电信号，数字传感器则将被测量转换成数字电信号。

2.1.3 传感器性能指标

传感器的特征参数很多，且不同类型的传感器，其特征参数的定义和要求也各有差异。下面来介绍一些通用的静态特性参数指标的定义。

1. 灵敏度

灵敏度是指稳态时传感器输出量 y 的增量与输入量 x 的增量之比。

灵敏度用 K 表示，$K=\frac{\Delta y}{\Delta x}$，线性传感器的灵敏度为一常数，非线性传感器的灵敏度是随输入量而变化的。

K 值越大，传感器越灵敏。但传感器灵敏度过高时，易受外界环境干扰，其稳定性会受到影响。因此，传感器的选择要兼顾灵敏度和稳定性。

2. 分辨率

分辨率是指传感器在规定的测量范围内能够检测出的被测量的最小变化量，表示传感器能够分辨被测量微小变化的能力。传感器灵敏度越高，分辨率越高。

3. 测量范围和量程

在允许的误差范围内，被测量的下限与上限之间的范围称为测量范围。上限值与下限值之差称为量程。

4. 线性度(非线性误差)

在规定的条件下,传感器校准曲线与拟合直线间的最大偏差与满量程输出值的百分比,称为线性度或非线性误差。

5. 迟滞

迟滞用来表示在相同的条件下,传感器的正行程特性与反行程特性的不一致程度。

6. 重复性

重复性是指在同一工作条件下,输入量按同一方向在全测量范围内连续变化多次所得特性曲线的不一致性。

7. 零漂和温漂

零漂是指在无输入或输入为某一个定值时,每隔一段时间,其输入值偏离原始值的最大偏差与满量程的百分比。

温漂是指温度每升高 1 摄氏度,传感器输出值的最大偏差与满量程的百分比。

2.1.4　常用传感器

下面介绍几种常用传感器。

1. 温度传感器

温度传感器常用来测量冷却水温度、进气温度和排气温度。

温度传感器的种类很多,有热敏电阻式、半导体式和热电偶式等。

所谓热敏电阻,是指这种电阻对温度敏感,当作用在这种电阻上的温度发生变化时,其阻值会随温度的变化而变化。其中,随温度升高其阻值增加的热敏电阻称为正温度型热敏电阻,相反,随温度升高其阻值减少的热敏电阻称为负温度型热敏电阻。

热敏电阻温度传感器的测量电路比较简单,只要把传感器与一个精密电阻串联到一个稳定的电源上,就能够用串联电阻的分压输出反映温度的变化。

2. 光敏传感器

光敏传感器是最常见的传感器之一,它的种类繁多,主要有光电管、光电倍增管、光敏电阻、光敏三极管、太阳能电池、红外线传感器、紫外线传感器、光纤式光电传感器、色彩传感器、CCD 和 CMOS 图像传感器等。它的敏感波长在可见光波长附近，包括红外线波长和紫外线波长。光敏传感器不只局限于对光的探测，它还可以作为探测元件组成其他传感器，对许多非电量进行检测，只要将这些非电量转换为光信号的变化即可。光敏传感器是目前产量最多、应用最广的传感器之一，在自动控制和非电量电测技术中占有非常重要的地位。最简单的光敏传感器是光敏电阻，光子冲击接合处会产生电流。

2.2　光谱感知技术

2.2.1　光谱感知技术发展现状

我国是农业大国，保证作物的健康生长是确保农产品品质和产量的关键，也是智慧农业建设的主要目的之一。作物的信息感知是智慧农业的重要组成部分，通过及时、准确地检测出农作物的生长、营养以及农药残留等信息，结合对其生长环境的精准调控，达到不断提升作物品质和产量的目的。相对于传统的检测方法，应用光谱感知技术的无损检测技术具有实时性强、准确度高、快速、高效、便捷以及多点同测的特点，越来越受到广大学者的关注，在农业信息感知方面得到了广泛应用。

近年来，国内外应用光谱感知技术获取农作物信息感知方面的相关研究，以应用较为广泛的近红外光谱、拉曼光谱和高光谱技术为主。本节以近红外光谱茶叶检测、拉曼光谱的农药残留检测、高光谱图像的玉米种子分类与检测等为例进行阐述。

2.2.2　用近红外光谱法测定茶叶中的游离氨基酸

茶叶中游离氨基酸的含量是用来描述茶叶鲜爽程度的重要品质指标，与茶叶品质呈显著正相关关系。茶叶中有 20 多种游离氨基酸，其中茶氨酸占游离氨基酸总量的 50%以上。氨基酸是人体所必需的营养物质，同时又对人体疾病的康复和预防起着极重要的保健作用。近红外光谱法因其快速、简便、低成本、非破坏性和多组分同时测定等优点受到人们的重视，广泛应用于农业、食品、石油、医药等领域。利用茶叶的近红外光谱，比较分析偏最小二乘法（partial least square method，PLS）和反向传播神经网络（back-propagation neural network，BPNN）建立游离氨基酸模型的效果。

材料与方法：试验选用市售茶叶 18 种，分别来自江苏、浙江、福建、云南、安徽、江西、河南、四川、湖南和广东。从中随机选取 12 种作为校正集，余下 6 种作为预测集，选取每种茶叶 5 个样本，每个样本称取 2g，这样校正集共有 60 个样本，预测集共有 30 个样本。光谱采集采用傅里叶变换近红外光谱仪。控制光谱采集在相同的条件下进行，样品的装样厚度、装样的紧密性和颗粒均匀度等都力求一致。先将茶叶样本放于样品杯中采集光谱，采完后将样本倒出样品杯再重新倒入，重复采集三次，并取三次的平均光谱作为该样本的原始光谱。采集光谱后测定茶叶样本中游离氨基酸的含量。

利用线性的 PLS 和非线性的 BPNN 分别建立茶叶中游离氨基酸的定量分析模型。通过交互验证方法来优化模型的主成分数和所采用的光谱预处理方法，以含量的实测值与预测值的相关系数 R、交互验证均方根误差（root mean square error of cross-validation，RMSECV）及预测均方根误差（root mean squared error of prediction，RMSEP）作为评价各种方法的有效指标。

校正集和预测集中游离氨基酸含量的统计结果如表 2-1 所示。模型预测结果的好坏不仅取决于样品评价参数的化学检测值的精度，还取决于评价参数覆盖的范围。因此，在实验过程中，选择不同产地、不同品种的茶叶样本更具代表性，有利于所建模型的适应性和稳定性。

表 2-1　茶叶样本氨基酸含量(g/g,%)实测值的统计结果

成分	样本数	范围	均值	方差
校正集	60	0.976～5.127	2.986	0.905
预测集	30	1.236～4.898	2.939	0.883

在近红外光谱采集时，有许多高频随机噪声、基线漂移、样本颗粒大小和光散射等噪声信息夹入。这将干扰近红外光谱与样品内有效成分含量间的关系，并直接影响所建立模型的可靠性和稳定性。研究尝试了多元散射校正（multiplicative scatter correction，MSC）和标准正态变量变换（standard normal variable transformation，SNV）等光谱预处理方法，与 PLS 或 BPNN 组合优选最佳的方法等来建立定量分析模型并进行检验。

偏最小二乘法(PLS)是利用主成分分析法,将吸光度矩阵和浓度矩阵分别分解为特征向量和载荷向量,用交互验证法确定最佳主成分数,然后建立吸光度矩阵和浓度的数学模型,是目前应用较多的一种多元校正方法。在建立 PLS 模型的过程中,光谱预处理方法和选择的最佳主成分数对模型有很大影响。试验中,设置置信度为 95%,以交互验证均方根误差最小来选择最佳的光谱预处理方法,并确定校正模型的主成分因子数。由表 2-2 可以看出,对游离氨基酸含量的预测模型,采用 MSC 预处理方法可以得到较好的 PLS 模型,这是因为通过 MSC 预处理,各样本数据间颗粒度及装填密度不同,由此导致的基线平移和非线性偏移的影响得到了很好的控制。采用 MSC 预处理建立的 PLS 模型的最佳主成分数为 7,其模型的校正集相关系数 *Rc*、预测集相关系数 *Rp*、*RMSECV* 和 *RMSEP* 分别为 0.927、0.925、0.337 和 0.323。

表 2-2　采用 MSC 和 SNV 光谱预处理分别建立的 PLS 和 BPNN 模型

建模方法	预处理方法	主成分因子	校正集		预测集	
			Rc	*RMSECV*(%)	*Rp*	*RMSEP*(%)
PLS	Raw	8	0.898	0.424	0.890	0.401
PLS	SNV	7	0.925	0.344	0.910	0.356
PLS	MSC	7	0.927	0.337	0.925	0.323
BPNN	SNV	3	0.972	0.207	0.950	0.265
BPNN	MSC	4	0.979	0.182	0.958	0.246

近红外光谱技术结合合适的化学计量学方法,可以实现茶叶中游离氨基酸含量的快速有效检测。通过对光谱数据进行预处理,分别建立游离氨基酸的 PLS 模型和 BPNN 模型。采用 MSC 预处理方法建立的 BPNN 模型取得了较好的效果,该模型预测集的相关系数 *Rp* 为 0.958,*RMSEP* 为 0.246,说明近红外光谱技术结合人工神经网络方法可以快速准确地测定茶叶中游离氨基酸的含量。

2.2.3　拉曼光谱的农药残留检测

农药是防治病虫害的有效手段,但过量且大面积地施用会造成环境污染,并对人们的身体健康造成威胁。因此,对农药残留进行精准检测非常关键。表面增强拉曼光谱(surface enhanced Ramen spectrometry, SERS)检测技术，由于具有样本制备简单、检测速度快等优点，在农药残留检测方面得到广泛应用。该方法首先提取玉米中杀螟硫磷残留，以均一的纳米金棒为增强基底，采集残留的 SERS 光谱；然后结合支持向量机回归（support vector machine regression，SVR）与不同预处理方法对所采集的光谱进行建模，可实现玉米中杀螟硫磷残留的量化分析。

复杂体系中被测物分子的 SERS 光谱会受到体系中其他成分的干扰，出现一些变化，如光谱峰位的增加、消失、重叠以及减弱。为确定玉米提取液中杀螟硫磷的 SERS 光谱特征，图 2-4 对比了杀螟硫磷乙醇溶液、空白提取液和含残留提取液的光谱。其中，杀螟硫磷乙醇溶液 a、空白玉米提取液 b、杀螟硫磷残留玉米提取液 c 的 SERS 光谱，空白提取液和污染样品提取液均出现新的特征峰，这是由玉米中的淀粉导致的，但并未干扰到杀螟硫磷特征峰的出现。污染样品提取液中杀螟硫磷特征峰变弱却依然可见，而在 650、830 和 1344 处的特征峰依然明显。图 2-4 表明 SERS 光谱可应用于玉米中杀螟硫磷残留的检测。

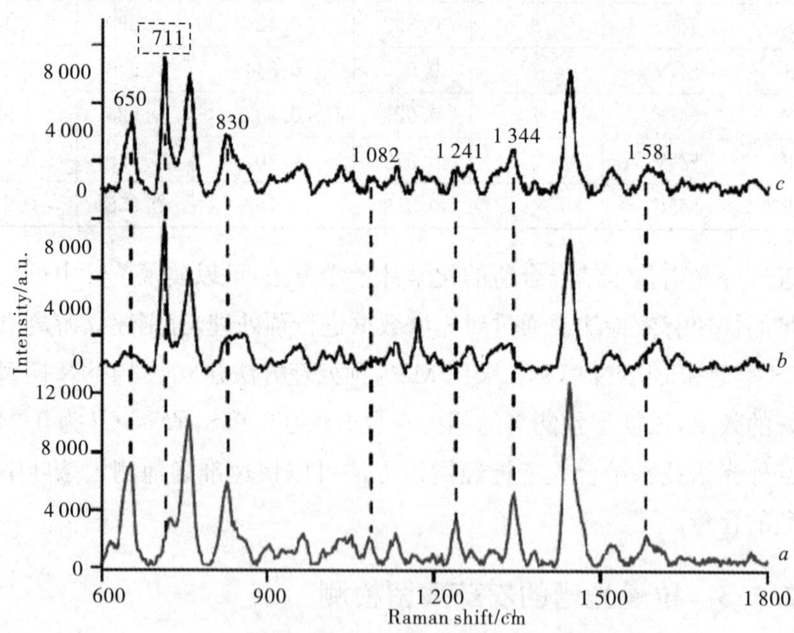

图 2-4 玉米样本中杀螟硫磷残留的 SERS 光谱

为了实现基于 SERS 对玉米中杀螟硫磷残留的定量分析，使用 SVR 构建回归模型。由于所采集光谱除了被测物自身信息外，还存在由外界杂散光和荧光背景所引起的干扰，因此采用 Savitzky-Golay（SG）卷积平滑和小波变换（wavelet transformation，WT）来减弱或者消除非目标因素对光谱的影响，提高模型的稳定性和预测能力。

如表 2-3 所示，SVR 所构建的模型对提取液中的杀螟硫磷残留具有较好的预测准确度。值得注意的是，经过 WT 处理去除干扰的光谱所构建的 SVR 模型分析误差更小。因此，利用 SERS 光谱结合 SVR 和 WT 可以很好地实现对玉米中杀螟硫磷残留的准确检测，为农产品农药残留的检测提供了一条新的分析途径。

表 2-3　不同回归模型对玉米中杀螟硫磷残留的分析结果

方法	校正集		预测集	
	$RMSEC$（$\mu g \cdot mL^{-1}$）	Rc^2	$RMSEP$（$\mu g \cdot mL^{-1}$）	Rp^2
SVR	0.1308	0.9996	0.1614	0.9979
SG-SVR	0.1214	0.9997	0.3710	0.99872
WT-SVR	0.1032	0.99974	0.1341	0.9996

2.2.4　高光谱成像的玉米种子分类与检测

高光谱成像是一项新兴的技术，它将成像技术和光谱技术集成在一个系统中，能够记录给定样本丰富的光谱信息和空间图像信息。高光谱成像实现了图像与光谱的结合，它包含连续波长下的几十个或几百个图像，这种方式可使获取的高光谱图像在每个波长都有一张该波长下的光谱强度图像，同时对于每个像素也有其在全部波长下丰富的光谱信息。高光谱图像描述一系列波长下的光学图像组成的三维图像数据。其中，x 轴与 y 轴表示空间维度，反映空间尺度的图像信息，样本成分的不同会导致光谱吸收的差异，因此，同一波长下的图像信息可以反映待检测的不同样本在该波长下的差异。z 轴表示光谱维度，指连续的波长信息，即各个像素在各波段的反射率值，可以充分反映样本在该位置区域的物理结构和内部品质的变化导致的光谱差异。高光谱图像的数据结构如图 2-5 所示。

由于高光谱成像检测具有非破坏性测量的潜力，而高光谱信息能够充分反映被测样本的物理成分和化学成分的差异，因此高光谱成像技术在农产品的内外品质检测中具有独特优势。在农作物种子的检测领域，利用高光谱成像技术对种子的表面特性和内部品质的研究发展迅速。由于玉米种子等农作物在不同部位其成分分布具有不均匀性,因此仅利用光谱技术采集若干个独立的单点光谱信息不能准确反映种子具体部位的情况。而利用高光谱成像技术可提取种子在各个部位的光谱信息,克服了光谱技术中样本信息缺失和不完整的影响,同时又可以利用高光谱成像中各波段的图像信息,提取种子的形态特征和纹理特征进行分析,因此采用高光谱图像技术检测农作物种子融合了图像检测和光谱检测的优点。近年来,利用高光谱图像对农作物种子的品种、储存年份、含水率、硬度质量、黄曲霉 AFB1 浓度等方面的分析与检测的研究越来越多。

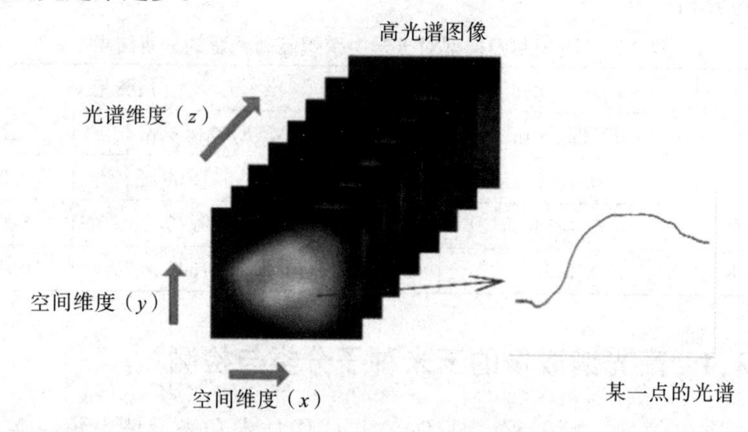

图 2-5 高光谱图像数据结构

玉米是世界第三大粮食作物,也是我国主要的粮食作物之一。玉米具有很高的营养价值,是我国畜牧养殖业的重要饲料来源,也是食品、医疗卫生、轻工业、化工业等不可或缺的原料。因此,玉米产业的发展对我国国民经济具有重要的意义。当前,我国玉米产业面临品种混杂、新老掺杂等问题,此外,在玉米的储存过程中,容易发生霉变而产生毒素,上述问题严重影响了我国玉米产业的发展。

由于高光谱成像技术既可以提取被测对象的光谱信息,又可以获得其图像信息,可以有效针对玉米种子品种(纯度)、储存年份、黄曲霉毒素含量等进行分类与检测,在玉米种子等农产品的检测方面具有不可替代的优势和广阔的发展前景,因此,该技术在农产品的内部品质及外部特性的检测等领域得到了广泛应用。下面对基于高光谱图像和波长选择方法、基于卷积神经网络和子区域表决方法、基于近红外高光谱成像和特征选择的玉米种子黄曲霉毒素 AFB1 浓度分类等几种方法展开叙述。

1. 基于高光谱图像和波长选择方法

高光谱图像是一个包含丰富的光谱信息和图像信息的数据立方体，这意味着研究人员可以在大量不同的波段下观察到物体的灰度图像信息，但巨大的数据量也给数据建模带来了困难，很容易导致休斯现象(Hughes)。因此，对高光谱图像进行降维是非常必要的。基于降维后的高光谱数据，利用支持向量机(support vector machines, SVM)建立种子品种的区分模型，并分别利用朴素贝叶斯(naive Bayesian, NB)、K 近邻(k-nearest neighbor, KNN)、人工神经网络(artificial neural network, ANN)、决策树(decision tree, DT)、线性判别分析(linear discriminant analysis, LDA)和逻辑斯谛回归(logistical regression, LR)等几种算法建立预测模型与支持向量机(SVM)模型进行比较分析，以获取最优预测模型。该方法总体方案如图 2-6 所示。

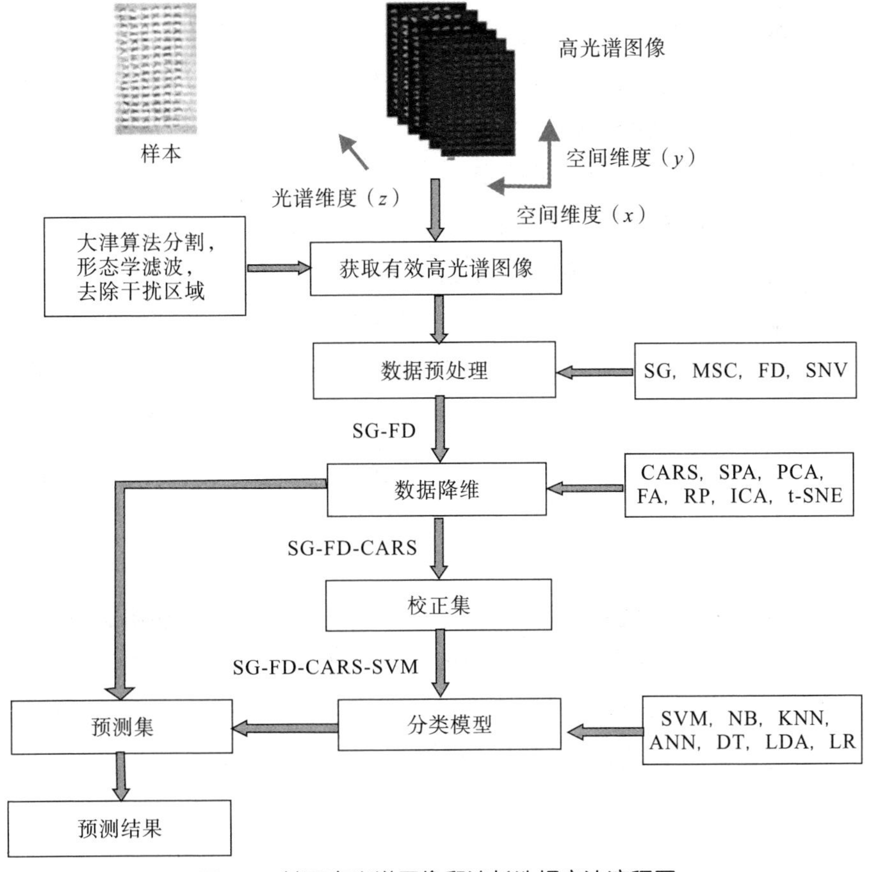

图 2-6　基于高光谱图像和波长选择方法流程图

通过不同预处理方法的比较分析，得到SG和一阶导数(first derivative，FD)组合的预处理方法预处理效果最佳。采用波长选择算法选择少量的有效波长，并基于线性SVM建立玉米种子品种区分的模型，在胚面和胚乳面两个不同的方向上，该算法的品种识别准确率分别达到94.07%和94.86%，效果优于全波长和其他传统的降维算法。因此，通过选取少量用于建模的有效波长，减少了数据总量，提高了数据的处理速度和效率，也证明开发一个仅包含少量选定波长的多光谱系统用于甜玉米种子的品种区分是可行的。

2. 基于卷积神经网络和子区域表决方法

近年来，随着人工智能和深度学习技术的发展，卷积神经网络(convolutional neural networks，CNN)得到了迅速发展，并在生产生活的各个领域得到了广泛应用。在很多领域的研究表明，卷积神经网络在特征提取方面的表现大大优于传统的机器学习方法，因此，其在图像的分析和处理中得到了广泛应用。在一些重要的研究领域，如目标检测、姿态估计、遥感等，卷积神经网络也被广泛应用。在农作物的检测方面，卷积神经网络还被广泛应用于大豆、苹果和草莓等农作物的检测和质量分析中。在高光谱图像的玉米分析检测的研究中，卷积神经网络也被广泛应用。

在高光谱图像采集过程中，外界的杂散光、样本背景的干扰、仪器性能的不稳定等都会对高光谱图像产生干扰。为了建立稳定的预测模型，需要对原始的高光谱图像进行预处理，以减小或消除非目标因素的影响，提高信噪比。本实验利用SG平滑后的FD对原始光谱数据进行预处理。SG平滑是一种消除重叠峰和基线校正的算法，它可以减少噪声干扰，提高光谱的平滑度。FD可以突出不同品种样本的光谱强度变化规律的差异。另外，对于存在严重噪声干扰区域的波段需要进行去除。

作为深度学习的代表算法之一，卷积神经网络是一种带卷积运算的前馈神经网络，在图像处理和目标识别领域有着广泛的应用。卷积神经网络以其良好的特征提取能力，越来越多地应用于计算机视觉、自然语言处理等领域。图2-7是研究采用的CNN模型的结构。

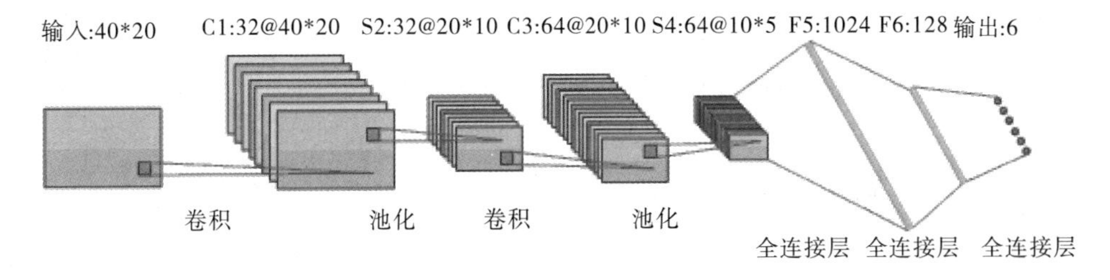

图 2-7　卷积神经网络模型结构

由于每个玉米种子样本的感兴趣区域被均匀地划分为多个子区域，而每个子区域作为一个训练的子样本通过模型训练可以得到一个预测结果，因此，多个子区域将有相应数量的预测结果产生，而这些子区域的预测结果可能并不相同。在子区域预测完成后，必须对这些子区域预测的结果进行整合，即子区域表决，其方法就是在每个样本所有子区域的多个预测结果中，选出出现次数最多的预测结果作为该样本最终的预测结果。有、无子区域表决操作的示意图如图 2-8 所示。

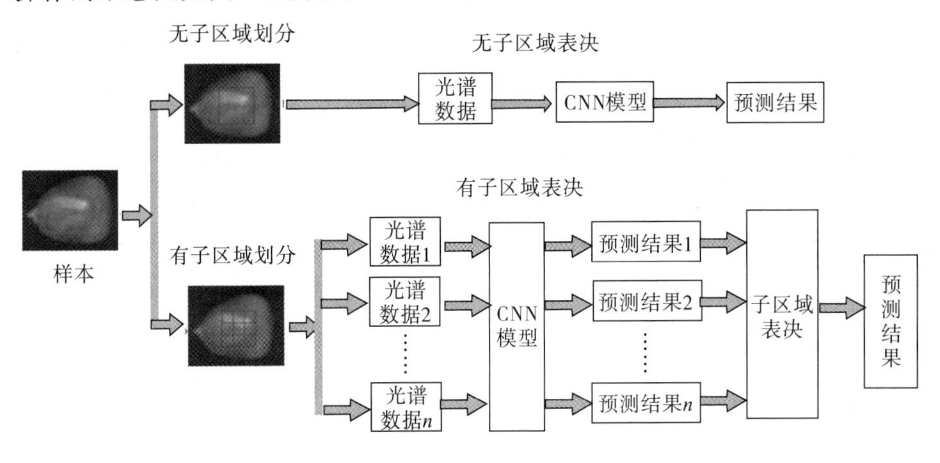

图 2-8　有、无子区域表决操作的示意图

为了进一步验证以上方法的通用性，收集了 6 个品种的甜玉米种子样本，包括绿色超人(LC)、美玉甜 3 号(MYT3)、超甜 2008(CT2008)、中甜 300(ZT300)、东方甜 1 号(DFT1)、超甜 99(CT99)进行研究，如图 2-9 所示。与普通玉米相比，甜玉米含糖量更高。而从外形上看，这些甜玉米种子形状较为干瘪，这与普通玉米种子有区别。不同品种的甜玉米种子在外形上非常相似，仅通过肉眼难以分辨。利用本实验所提出的方法对甜玉米种子进行品种

检测，以进一步验证模型的效果。基于本实验所提出的模型，对6个品种的甜玉米种子样本的品种检测精度如表2-4和表2-5所示。

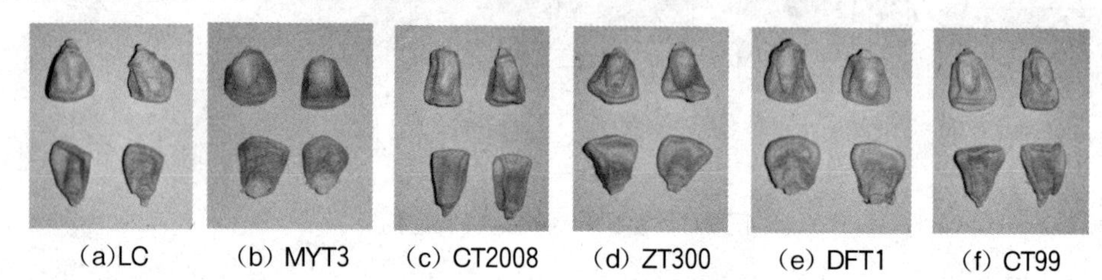

图2-9 6种甜玉米种子的图像

表2-4 样本在胚面的品种检测结果

预测集子样		被正确预测的子样本数	表决前准确率(%)	预测集样本数	被正确预测的样本数	表决后准确率(%)
品种	本数					
LC	405	359	88.64	45	43	95.56
MYT3	405	398	98.27	45	45	100
CT2008	405	398	98.27	45	45	100
ZT300	405	350	86.42	45	42	93.33
DFT1	405	391	96.54	45	44	97.78
CT99	405	402	99.26	45	45	100
合计	2430	2298	94.57	270	264	97.78

表2-5 样本在胚乳面的品种检测结果

预测集子样		被正确预测的子样本数	表决前准确率(%)	预测集样本数	被正确预测的样本数	表决后准确率(%)
品种	本数					
LC	405	362	89.38	45	43	95.56
MYT3	405	401	99.01	45	45	100
CT2008	405	388	95.80	45	45	100
ZT300	405	366	90.37	45	43	95.56
DFT1	405	366	90.37	45	44	97.78
CT99	405	403	99.51	45	45	100
合计	2430	2286	94.07	270	265	98.15

由表2-4和表2-5可知，表决前甜玉米种子样本在胚面和胚乳面的品种检测准确率分别为94.57%和94.07%，而在子区域表决后，其准确率分别达到97.78%和98.15%，测试达到了较高的准确率，其原因是这些普通玉米品

种之间的差异比甜玉米品种之间的差异更细小。可以看出,该方法不仅在普通玉米种子的品种鉴定中取得了较好的效果,而且在甜玉米种子的区分中也取得了非常理想的效果,表明该模型在玉米种子的品种检测中具有良好的效果。

3. 基于近红外高光谱成像和特征选择的玉米种子黄曲霉毒素 AFB1 浓度分类

玉米是世界上最重要的粮食作物之一,但在不适宜的贮藏条件下(如高温、受潮等),玉米易受真菌(如黄曲霉菌等)的感染。黄曲霉毒素是黄曲霉菌的次级代谢产物,由于其具有强烈的致癌性和致突变性,已被世界卫生组织下属的国际癌症研究机构(International Agency for Research on Cancer,IARC)列为"Ⅰ"类致癌物。黄曲霉毒素可分为 AFB1($C_{17}H_{12}O_6$)、AFB2($C_{17}H_{14}O_6$)、AFG1($C_{17}H_{12}O_7$)、AFG2($C_{17}H_{14}O_7$)和其他二十多个类型,而其中 AFB1 是最常见、毒性最强的一种,其毒性是氰化钾的 10 倍,砒霜的 68 倍。在很多国家,AFB1 在食品中的含量都受到严格的限制。

近些年来,对于 AFB1 的检测主要包括薄层色谱法、高效液相色谱法和酶联免疫吸附法等生化方法,这些方法虽然具有较高的测量准确度,但也存在仪器复杂和检测速度慢等缺点。也就是说,这些方法对于大量的样本检测来说效率很低,不能满足快速无损检测的需求。高光谱成像技术是一种快速、无损地识别被测物的光谱成像的技术。目前,高光谱成像技术已被应用于农作物中黄曲霉毒素浓度的检测。该方法将关键波长选择方法与主成分分析(principle component analyses, PCA)相结合,建立了有效的玉米种子 AFB1 浓度分类模型。图 2-10 为该方法的模型。

该方法对关键波长选择的同时考虑了不同组光谱强度的方差和大小排序,通过限制大量具有重复特征的关键波长,保留少量具有不同光谱差异特征的重要波长,组合出具有一定分类能力的特征波长集合。然而,由于关键波长的选取是根据样本类间平均光谱强度的方差和大小排序的,忽略了样本类内的光谱强度的差异,因此单独使用关键波长的建模效果并不太理想。采用关键波长选择方法与 PCA 相结合,建立有效的玉米种子 AFB1 浓度分类模型,通过在预测集和独立验证集上的测试结果表明,该方案是可行的。

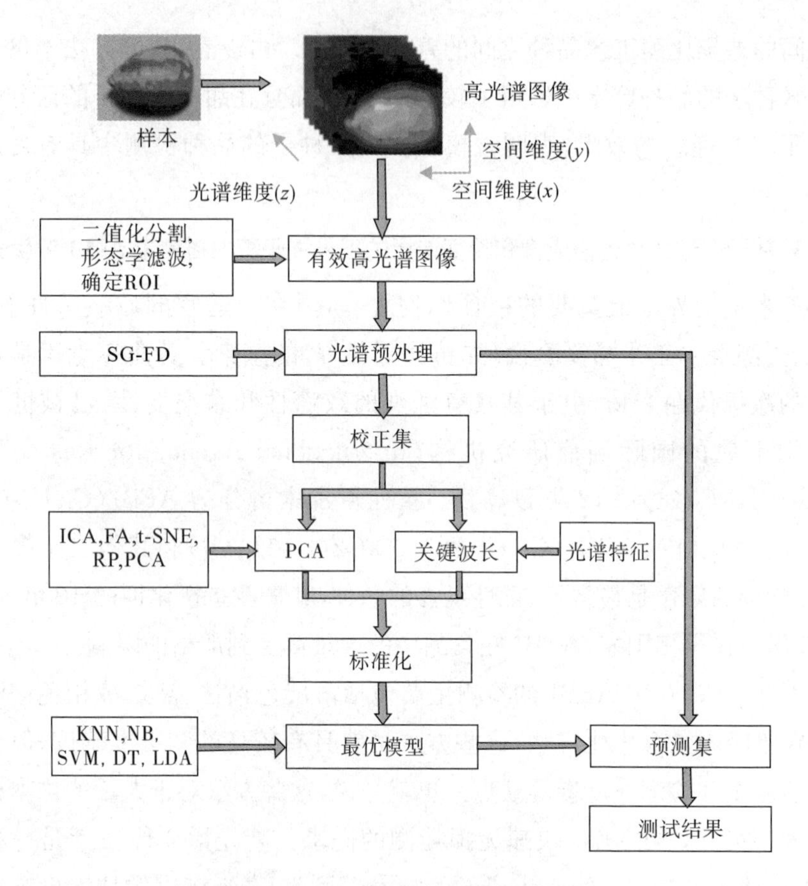

图 2-10 玉米种子 AFB1 浓度分类模型

2.2.5 总结

光谱感知技术在作物信息感知方面得到了深度发展,已广泛应用于农作物和农产品的检测中,随着技术的不断发展,检测精度与效率也随之提升,不断朝现代化农业方向发展。近红外光谱研究发展历史较长,涉及领域较广,在作物与土壤养分检测、作物识别、农产品品质分析、产品分拣等领域应用广泛。而高光谱和拉曼光谱由于具有谱线所含信息量大、灵敏度高、分辨率高、抗干扰性强等优点,在研究微量元素、作物识别、农药残留、生理信息检测等方面发挥了重要作用。

经过不断地深入研究,光谱技术在特征波段提取、敏感波段分析、构建与优化光谱指数、数学模型搭建等方面都有了一定的基础,尤其是深度学习在特征波段提取和解析数据特征方面展现出了独特优势，并仍有较大的提升空间。

1. 在营养元素检验方面

在营养元素检验方面，氮元素相关研究较多，磷、钾、微量元素、重金属元素研究都相对较少，且多为机理研究，缺少定性与定量分析，存在统一建模难度大、适用性低等问题，这些都值得学者们继续深入研究。

2. 在作物识别方面

在作物识别方面，基于高光谱已有相对完善的研究体系，但由于作物种类和杂草种类具有多样性，因此相关研究进度较慢，识别种类较少且相对固定。

3. 在农药残留快速检测方面

在农药残留快速检测方面，拉曼光谱分析法取得了较大的进展，但仍存在难定量分析、稳定性较差、模型的通用性差、无法具体识别农药残留种类或识别种类过少等问题。

4. 在生理信息检测方面

在生理信息检测方面，水分、理化参数及病害等都有较为深入的研究，但受生理与环境等因素影响，模型覆盖性较差，难以建立定量诊断模型。

综上，应加强光谱分析的理论与技术研究，探究如何选择合适的化学计量学方法、植被指数，结合不同的预处理方法、特征波段提取方法以及建模方法提高检测精度和模型稳健性。

针对各类作物建立模型数据库以提高模型的适用性，仍是今后研究的关键。可尝试从多角度建立植被参数与光谱数据的关系；运用不同的深度学习与优化算法，不断改进最佳波段提取算法，提高灵敏度，降低检测极限；研发通用性更强的模型传递算法以建立普适性更广、传递性更好的预测模型。另外，目前研究尚缺乏动态性与实时性，可将光谱预测模型与作物的生长机理模型或遥感模型相结合，构建高效的动态检测模型。总之，在智慧农业的大环境下，光谱检测技术将向精准度高、集成化、便携性、智能化、稳定性和重现性好的方向发展，为农作物的健康成长与农产品的安全检测提供更好的科技保障。

2.3　射频识别技术

2.3.1　射频识别技术简介

射频识别是一种非接触式的自动识别技术，它利用射频信号及其空间耦合的传输特性，实现对静止或移动物品的自动识别。

射频识别系统由阅读器(reader)、天线(antenna)和电子标签(RFID tag)组成。阅读器是负责读取或写入电子标签信息的设备；天线负责在电子标签和阅读器间传递射频信号；电子标签由耦合元件及芯片组成，其电子编码唯一，附着在物体上标识目标对象。

射频识别系统工作流程如图2-11所示。阅读器通过发射天线将无线电载波信号向外发射；当电子标签进入发射天线的工作区时，电子标签被激活，将自身信息的代码经天线发射出去；系统接收天线接收电子标签发出的信息，传输给阅读器；阅读器对接收到的信息进行解码，送往后台的计算机系统。

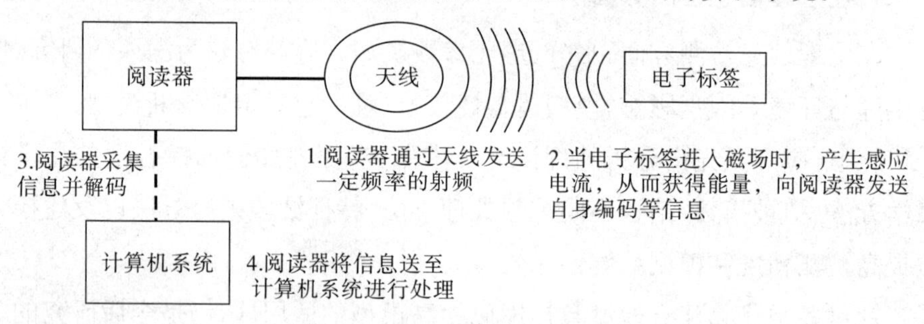

图2-11　射频识别技术工作流程

在射频识别系统中，阅读器和电子标签之间的交互主要依靠能量、时序和数据来完成。阅读器产生的射频载波为电子标签提供工作所需要的能量。阅读器与电子标签之间的信息交互通常采用询问—应答的方式进行，因此必须有严格的时序关系，该时序也由阅读器提供。阅读器与电子标签之间可以实现双向数据交换，阅读器给电子标签的命令和数据通常采用载波间隙、脉冲位置调制、编码解调等方法实现传送；电子标签存储的数据信息采用对载波的负载调制方式向阅读器传送。

2.3.2　RFID 使用的频段

在电子通信领域，信号采用的传输方式和信号的传输特性是由工作频率决定的。对于电磁频谱，按照频率从低到高的次序，可以划分为不同的频段。不同频段电磁波的传播方式和特点各不相同，它们的用途也不相同，因此，RFID 采用了不同的工作频段，以满足多种应用的需要。

目前国际上 RFID 广泛采用的频率分布于 4 种频段，分别是低频、高频、超高频和微波段。典型的工作频率有 125 kHz、133 kHz、13.56 MHz、433 MHz、869 MHz、915 MHz、2.45 GHz、5.8 GHz 等。

1. 低频

低频电子标签工作的频率范围为 30～300 kHz。典型的工作频率有 125 kHz 和 133 kHz。低频电子标签一般为无源标签，其工作能量通过电感耦合方式从阅读器耦合线圈的辐射近场中获得。低频电子标签与阅读器之间传送数据时，低频电子标签需位于阅读器天线辐射的近场区内。

低频的主要应用有：(1)畜牧业的管理系统；(2)汽车防盗和无钥匙开门系统；(3)马拉松赛跑系统；(4)自动停车场收费和车辆管理系统；(5)自动加油系统；(6)酒店门锁系统；(7)门禁和安全管理系统。

2. 高频

高频电子标签的工作频率一般为 3～30 MHz。典型工作频率为 13.56 MHz。该频段的电子标签，其工作原理与低频电子标签完全相同，采用电感耦合方式工作。电子标签与阅读器进行数据交换时，电子标签必须位于阅读器天线辐射的近场区内。

高频的主要应用有：(1)图书管理系统；(2)瓦斯钢瓶的管理；(3)服装生产线和物流系统；(4)三表预收费系统；(5)酒店门锁；(6)大型会议人员通道系统；(7)固定资产的管理系统；(8)医药物流系统；(9)智能货架。

3. 超高频

超高频电子标签的工作频率范围为 300～968 MHz，典型的工作频率有 433 MHz、869 MHz、915 MHz。工作时，电子标签位于阅读器天线辐射场的远场区内，电子标签与阅读器之间的耦合方式为电磁耦合方式。阅读器天线辐射场为无源标签提供射频能量，将有源标签唤醒。该频段读取距离比较远，无源可为10 m左右。

超高频的主要应用有：(1)供应链；(2)生产线自动化；(3)航空包裹；(4)集装箱；(5)铁路包裹；(6)后勤管理系统。

4. 微波段

微波是工作频率范围在2.45～5.8 GHz的电磁波，RFID典型的微波段工作频率有2.45 GHz、5.8 GHz。微波段的RFID电子标签位于阅读器天线辐射场的远区场内，电子标签和阅读器之间通过辐射获得信号，该频段为实现物联网的主要频段。

微波段的主要应用有：(1)移动车辆识别；(2)高速公路不停车收费(ETC)电子身份证；(3)仓储物流应用；(4)电子闭锁防盗(电子遥控门锁控制器)。

射频识别技术在农业领域有着重要的地位，电子标签将成为我国农产品进入国内外市场的“身份证”。电子标签国家标准的推出和电子标签的广泛应用将大大提高我国的农产品物流管理能力、农产品质量监督能力、农产品可跟踪能力，以及农产品在国际贸易中的竞争力，同时也有利于规范和净化农产品市场。这将促使农业信息技术与市场经济紧密结合，开拓更广阔的应用领域，极大地促进我国农业信息技术及其应用的发展。

2.4 遥感技术

2.4.1 遥感技术发展现状

随着农业现代化与精准化生产要求的不断提高，以及科学技术的不断发展，精准农业已经成为可以最大限度提高农业生产力的有效途径。然而，在实施精准农业的过程中，快速、准确地获取作物的生长信息和环境信息成为制约精准农业发展的关键问题。在采集农田信息的过程中，在复杂的农田中铺设错综的电缆，会使整个系统的成本增加、可靠性降低，维修费用较高。近几年来，随着计算机应用技术、图像处理技术、通信技术等的快速发展，遥感技术在农业生产活动中得到相应的运用。

遥感可在不同的电磁谱段内周期性地收集地表信息，已成为人们研究、识别地球和环境的主要方法。遥感信息为精准农业所需空间信息差异参数的快速、准确、动态获取提供了重要的技术手段。早期由于受分辨率、时间周期、地理、空域、气象条件、监测成本及遥感技术发展水平等因素的限制，遥感技术在农业领域的应用只局限于服务区域的重大决策。20世纪70年代，遥感开始进入一个高速发展的阶段并被广泛地应用于农业生产监测，在作物识别、面积估算、长势监测、旱情监测、灾害评估和作物产量估计等方面均取得了较大的成绩，然而，遥感信息在时空分辨率及所提供信息的精度和丰度上还不能满足精准农业对农田信息的需求。近年来，随着遥感技术的发展，遥感技术在精准农业领域开始发挥越来越大的作用，在指导农田灌溉、施肥、病虫害防治、杂草控制、农作物收获及灾后损失评估等方面均已有很多成功的应用。下面简要介绍遥感技术在精准农业领域的应用研究进行介绍。

遥感可为精准农业提供以下两类农田与作物的空间分布信息：一类是基础信息，这种信息在作物生育期内基本没有变化或变化较少，主要包括农田基础设施、地块分布及土壤肥力状况等信息；另一类是时空动态变化信息，包括作物产量、土壤墒情、作物养分状况、病虫害的发生/发展状况、杂草的生长状况以及作物物候等信息。

2.4.2　基础信息获取

1. 地块分布调查

精准农业这种较小的管理单元的变量管理技术是通过将农田分为较小的管理单元来实现的，被定义为“农田中产量限制因子均一并且适合进行统一作物投入的田块”。与早期精准农业的概念相比，基于管理单元进行的精准耕作更具有可操作性。利用高分辨率遥感影像进行地块边界及其空间分布的提取，不仅时效性强、精度高，而且符合中国农村高度分散条件下精准农业的实际。

2020年，利用卫星遥感技术以河南省原阳县为试验区进行“非粮化”遥感监测，坚决遏制住耕地“非粮化”增量，同时摸清存量问题底数。经遥感监测提取，如图 2-12 所示，2020 年，河南省原阳县小麦种植面积约为 107 万亩。利用 2019 年、2020 年高分辨率影像即可得到 2019 年至 2020 年冬小麦种植变化区域。再经变化检测确认变化地类，进而得到“非粮化”结果。

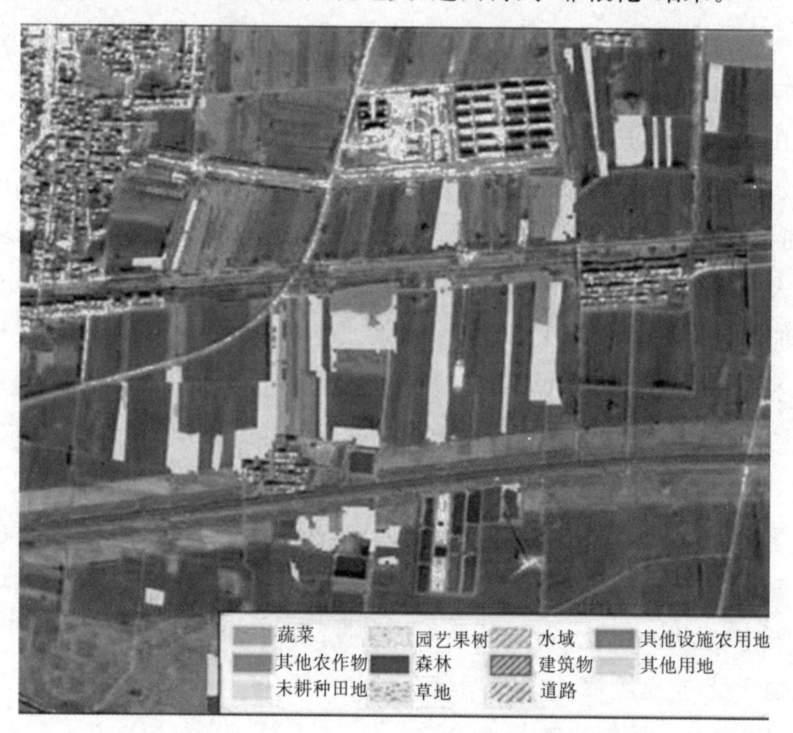

图 2-12 河南省原阳县 2020 年种植地块调查结果图

2. 土壤状况调查

土壤状况是决定农田潜在生产力的主要因素，不同区域自然条件不同，因此影响和制约土地生产能力的关键因素也有所不同。在半干旱地区，光照、热量、土壤等条件一般相对较好，影响土地生产能力的关键限制性因素主要是水分条件。作物的生长状况是其适应土地生产力的结果，是土地特性的综合反映和最直接的表现。在极端干旱条件下，半干旱地区的作物长势也由于水分供应过少而呈现出极端状态，直接体现了区域土地生产能力。

遥感技术具有快速、准确、可周期性观测和覆盖范围大等特点，已经成为开展大范围作物生长状态监测行之有效的技术方法。温度植被干旱指数

TVDI(temperature vegetation dryness index)是一种基于光学与热红外遥感通道数据进行植被覆盖区域表层土壤水分反演的方法。作为同时与归一化植被指数(normalized difference vegetation index，NDVI)和地表温度(land surface temperature，LST)相关的温度植被干旱指数,TVDI 可用于干旱监测,尤其是监测特定年内某一时期整个区域的相对干旱程度,并可用于研究干旱程度的空间变化特征。

中分辨率成像光谱仪(moderate-resolution imaging spectroradio-meter，MODIS)是美国宇航局研制的大型空间遥感仪器,用于了解全球气候的变化情况以及人类活动对气候的影响。该卫星光谱范围广,共有 36 个波段,光谱范围为 0.4～14.4μm。高分卫星内蒙古赤峰分中心利用 MODIS 卫星遥感数据定期提取全市植被的干旱指数,对干旱情况进行持续监测,2020 年 8 月上旬的监测结果如图 2-13 所示。

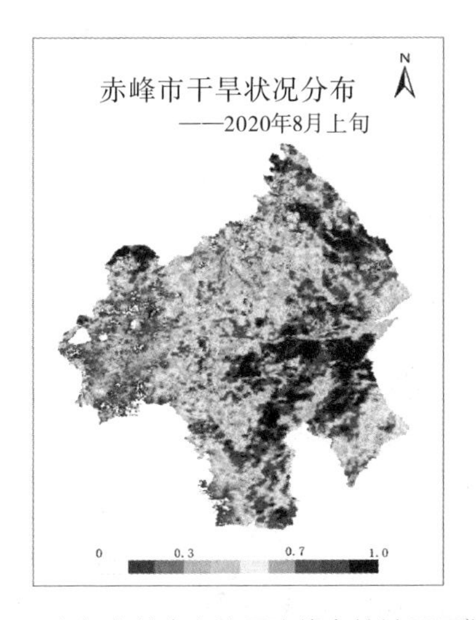

图 2-13　2020 年 8 月上旬内蒙古自治区赤峰市植被干旱指数 TVDI 分布图

2.4.3　时空动态变化信息的获取及利用

本小节从监测长势、指导农田灌溉、指导施肥和指导病虫害防治 4 个方面对遥感技术在现代农业领域的应用进行说明。

1. 监测长势

作物长势指作物的生长状况与趋势,可以用个体特征和群体特征来描述。获取作物长势的传统方法是地面调查，在现代农业生产中则主要利用遥感技术监测作物生长状况与趋势。作物长势的遥感监测充分体现了遥感技术宏观、客观、及时、经济的特点，可为田间管理提供及时的决策支持信息，并为早期估测产量提供依据。特别是随着 3S 集成应用技术、高分辨率卫星资料和大数据计算技术等的快速发展，农作物长势遥感监测信息已成为指导农业生产不可或缺的重要信息。

如图 2-14 所示，青海省门源回族自治县农业部门借助高分 1 号、高分 6 号和哨兵 2 号高分辨率多光谱成像卫星，按青稞生长物候期获取遥感卫星影像数据，在此基础上确保观测区多时相、多尺度不同分辨率遥感影像全覆盖。进行数据预处理，并计算各期影像 NDVI 指数，按种植地块进行多期 NDVI 指数提取及整理。选择 NDVI 值、气象因子、地形因子作为产量影响因子，与实测数据进行关联分析后确定敏感因子，运用回归分析方法构建青稞产量遥感估算模型，精度验证后可对门源回族自治县青稞产量进行估算。

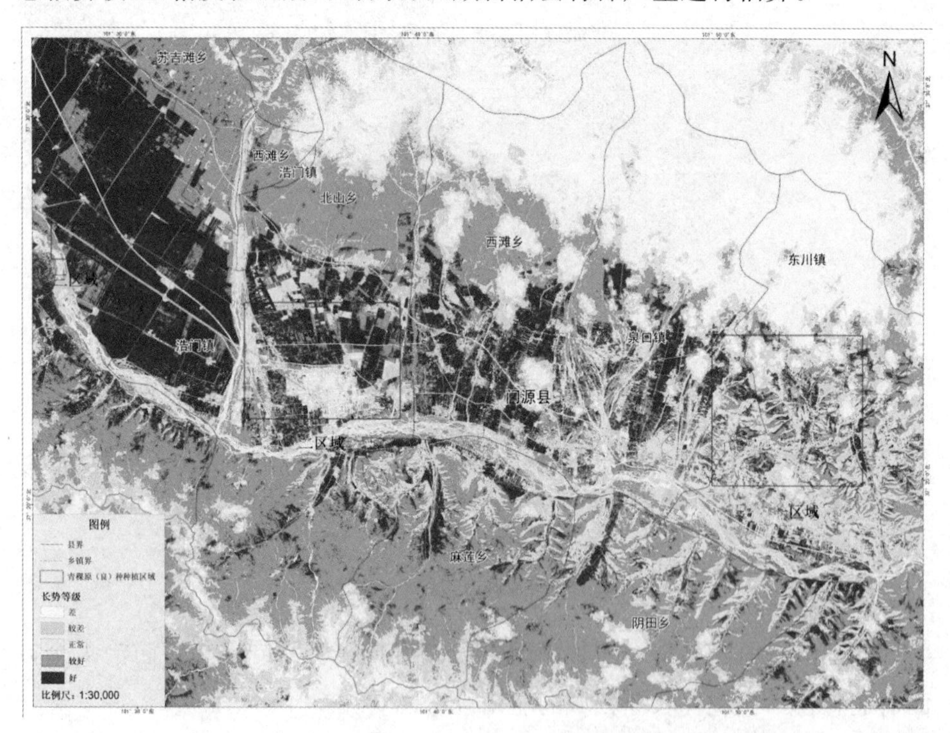

图 2-14　2020 年 7 月 1 日青海省门源回族自治县青稞种植区域长势遥感监测图

2. 指导农田灌溉

精准农业可根据不同作物不同生育期的土壤墒情和作物需水量，通过适时、适量地灌溉来节约水资源，以提高水资源的生产效率。

农田尺度的作物干旱信息是实现精准灌溉的前提。遥感领域比较成熟的旱情监测方法主要有热惯量法、条件温度指数法、距平植被指数法、条件植被指数法、作物缺水指数法、供水植被指数法、条件植被温度指数法、垂直干旱指数法和基于微波遥感的监测方法等。

额济纳绿洲深居西北内陆，位于巴丹吉林沙漠腹地，处于中亚荒漠东南部，属于极度干旱的区域，年均降水量少，蒸发量大，地表荒漠化、盐渍化现象严重，生态环境脆弱。从水系来看，发源于祁连山的纳林河和穆林河，一路向北流淌，途经额济纳绿洲，最终分别注入苏古淖尔和噶顺淖尔，噶顺淖尔现已干涸，苏古淖尔由于自然条件恶劣以及人类的过度开发，也曾数次干涸。作为西北地区的最后一道绿色屏障，额济纳绿洲的兴衰存亡，对于西北地区乃至我国的生态安全具有极其重要的意义。利用 Landsat 8 遥感影像，选择五种不同的植被指数，包括归一化差值植被指数 NDVI、比值植被指数（ratio vegetation index，RVI）、土壤调节植被指数（soil-adjusted vegetation index，SAVI）、改进型 SAVI（modified soil-adjusted vegetation index，MSAVI）和优化型 SAVI（optimization of soil-Adjusted vegetation index，OSAVI）等，利用表现最优的植被指数参与 TVDI 的构建，探究研究区的干旱程度及其空间格局，剖析影响干旱状况的主要因素，为维护区域生态环境提供决策支持。数据参考如图 2-15 所示。

扫码看图

图 2-15　2020 年 7 月内蒙古自治区额济纳绿洲干旱情况

3. 指导施肥

农业变量施肥即根据土壤养分含量和作物养分胁迫的空间分布来精细、

准确地调整肥料的投入量，以获取最大的经济效益和环境效益，但这需要在了解土壤中各种养分的盈亏情况的同时，实时掌握作物的养分状况，才能做到科学施肥，在减少因过量施肥而造成的环境污染的同时，降低成本。

实现这一目标需要土壤肥力状况及作物养分两方面的信息，通过遥感技术对作物生化参数(氮、磷、钾含量等)的监测可以提供有效的作物养分信息，同时通过冠层生化参数的监测还可以为作物品质的监测提供依据。目前，主要使用统计回归方法对作物的生化组分进行监测，所使用的遥感指标包括波段反射率、植被指数、红边参数及其他一些光谱参数。除了统计的方法，还有一些神经网络类的算法在建模过程中被使用。

氮肥的合理施用对苹果树的生长发育至关重要，但长期以来，果农对于果树养分需求的理论认识不够，对于氮肥施用缺乏科学的指导，过量施肥现象严重，导致果树养分不平衡、果实品质下降，进而产生经济效益降低和环境污染等问题。研究人员以盛果期红富士苹果树为对象，在山东省栖霞市观里镇苹果种植区进行了区域产量估测与施肥决策，如图 2-16 所示。

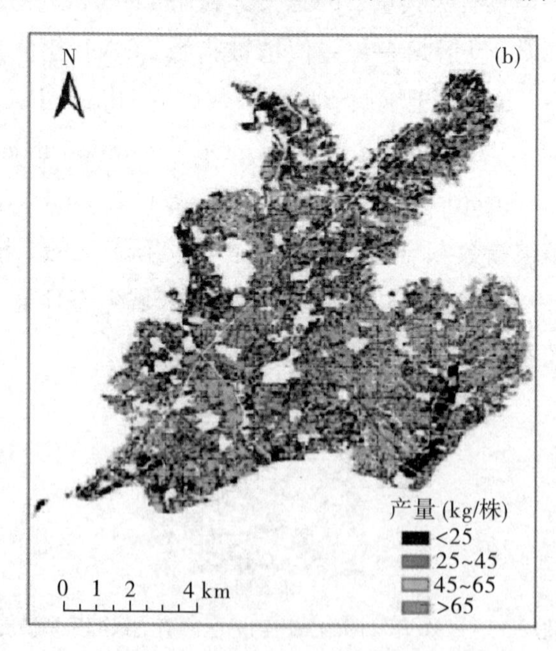

图 2-16 2020 年山东省栖霞市观里镇苹果产量估测图

通过收集中国苹果主产区 488 户苹果种植农户氮肥投入与产量的数据，

并对氮肥投入量与产量的关系进行分析，利用广义可加模型和分段线性模型构建苹果氮肥效应函数，建立目标产量与氮肥需求量的定量关系。然后利用研究区 2019 年至 2020 年苹果全生育期 Planet 多光谱遥感影像数据和对应的苹果产量数据，比较基于不同物候期植被指数积分的随机森林模型和遥感与气象数据结合的光能利用率 CASA 模型估测苹果产量，并利用最优模型对研究区苹果历史产量进行估测。最后，基于历史产量估测数据和氮肥效应函数进行区域苹果产量估测与施肥推荐。研究表明，该方法充分发挥遥感技术的优势，做到与农学知识结合，实现果树的区域施肥决策，对果园精准管理和智慧农业的发展具有十分重要的意义。

4. 指导病虫害防治

利用遥感技术进行作物病虫害的早期识别可以降低除害成本，并可以有效指导病虫害的治理。遥感技术可以对病虫害进行快速响应，并可为作物的管理提供空间化的处方图。基于遥感技术的监测可以提供作物病虫害发生、发展的定性和定量以及空间分布信息，进而为生产经营管理者在病虫害发生早期采取措施提供数据支持，避免病虫害损失扩大。遥感技术不但可以监测病虫害的发生，跟踪其演变状况，还能够评估病虫害对作物生长的影响，分析估算灾情损失。

稻瘟病对水稻作物产量影响较为明显。研究人员发现，稻瘟病导致水稻冠层光谱在绿光区、红光区和近红外区发生较大变化，可通过高光谱分析进行识别。采用哨兵 2 号卫星影像反演由这些波段参与的叶面积指数等 5 个作物生理参数，同时创建绿红光比值、归一化指数和差值标准化指数等 3 个稻瘟病指数，将这 8 个因子与实测损失率进行相关分析和逐步回归分析。如图 2-17 所示，研究区域双河农场位于黑龙江省齐齐哈尔市梅里斯区和甘南县交界处，是加强首都治安、承担劳教职能的一块特殊用地。结果表明，利用绿光和红光所建立的绿光红光比值稻瘟病指数、绿光红光归一化稻瘟病指数、绿光红光差值标准化稻瘟病指数，以及常用生理指数叶面积指数、叶绿素 a 和 b 总含量、光合有效辐射分量、植被盖度分量和叶面水分含量都可以用于稻瘟病的表征和识别。

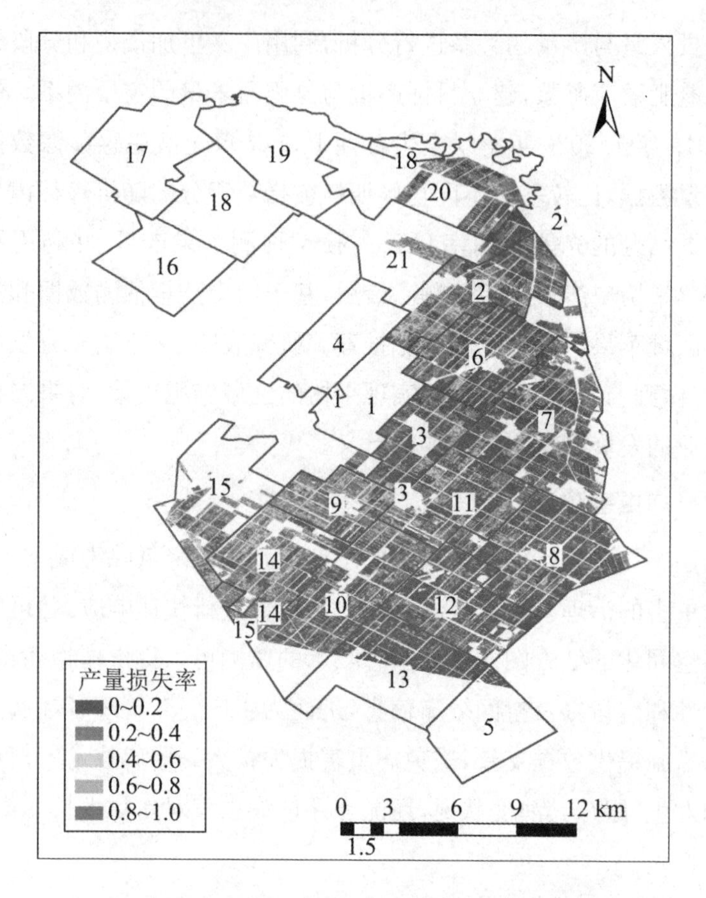

图 2-17　2017 年双河农场稻瘟病减产遥感测算

2.4.4　高光谱遥感技术图像成像原理

1. 高光谱遥感技术简介

高光谱遥感技术是指利用电磁波谱的紫外光区域、可见光区域、近红外区域和中红外区域，获取物体的许多连续并且窄的光谱曲线图像数据的技术。高光谱遥感技术源于多光谱遥感技术，以测谱学为基础。人类通过大量的实践发现，任何物质都会反射、吸收、透射和辐射电磁波，且不同的物体对不同波长的电磁波的吸收、反射或辐射特性是不同的，物质的这种对电磁波固有的波长特性称为光谱特性，它是由物质本身包含的原子、分子与电磁波的关系决定的。

反映物质差别的特征光谱的吸收峰或反射峰的宽度一般在 5～50nm，且越精细的物质分类需要越高的光谱分辨力。传统遥感数据对于植被的研究仅限于一般的红光吸收特征和近红外的反射特征，以及中红外的水吸收特征。由于受波段宽度和波段数的限制，多光谱遥感数据源的光谱分辨力显然无法满足需要，它往往对土地覆盖类型不敏感，对植被长势等反应不理想。图 2-18 中有 3 条光谱曲线，分别属于健康叶面、病害叶面和松软土地，其中土地和叶面的光谱差别很大，利用多光谱数据就可以区分，而两种状况的叶面的光谱差别比较小，只有利用光谱分辨力更高的数据才能区分。

图 2-18 实际地物与光谱曲线

土壤、水体、城市目标等地物，都各有其光谱的特征、产生机理及影响因素。将观测到的各种地物以完整的光谱曲线记录下来，就能有效地进行高光谱图像的识别。

2. 成像光谱技术

成像光谱技术把传统的二维成像遥感技术和光谱技术有机结合在一起，在用成像系统获得被测物地表空间图像的同时，通过光谱仪系统把被测物的辐射分解成不同波长的谱辐射，能在一个光谱区间内获得每个像元几十甚至几百个连续的窄波段信息。成像光谱仪不是在“点”上进行光谱测量，而是在连续空间上进行光谱测量。与传统多光谱遥感相比，其波段不是离散的，而是连续的，因此，从它的每个像元均能提取出一条平滑且完整的光谱曲线。成像光谱仪的出现解决了传统科学领域“成像无光谱”和“光谱不成像”的历史问题。

根据传感器的光谱分辨率可以对成像光谱技术进行下述分类。

(1)多光谱遥感。光谱分辨率在$10^{-1}\lambda$数量级范围内的遥感称为多光谱遥感,这样的传感器在可见光和近红外光谱区只有几个波段,如图 2-19 所示。

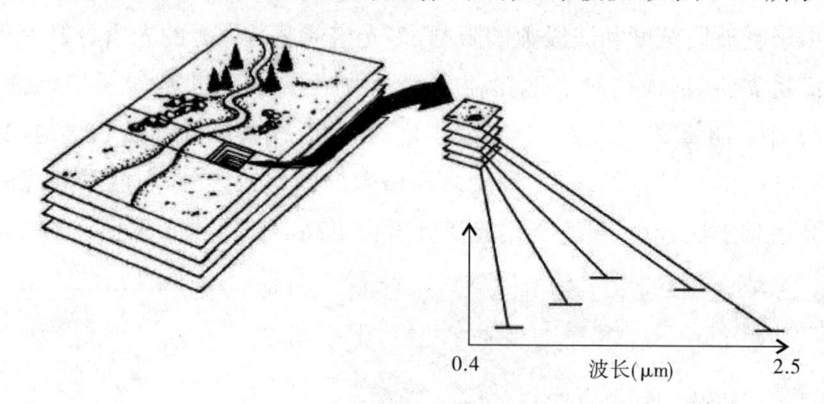

图 2-19 多光谱遥感的反射光谱

(2)高光谱遥感。光谱分辨率在$10^{-2}\lambda$的遥感称为高光谱遥感,其光谱分辨率在可见光和近红外区高达纳米数量级,波段数有数十到数百个,且具有光谱分辨率高的优点。高光谱数据包含丰富的空间和光谱信息,不仅能用来有效识别地表物质,而且可以深入研究地表物质的成分和结构。

(3)超高光谱遥感。光谱分辨率在$10^{-3}\lambda$的遥感称为超高光谱。传统的多光谱成像系统对光谱曲线的采样过于零散,而矿物识别、植被生化参量提取等方面都需要高分辨率的连续光谱数据。高光谱遥感器通常指光谱分辨率很高,在 400～2500 nm 的波长范围内,其光谱分辨率一般小于 10 nm。由于高光谱遥感器光谱分辨率高,往往在一定的波长范围内(比如可见光—近红外、可见光—短波红外)相邻波段有光谱重叠区,也就是连续光谱成像,因此高光谱遥感器一般又被称为成像光谱仪,即以获取大量窄波段连续光谱图像数据为目的的光谱采集设备。高光谱遥感实现了遥感图像光谱分辨率的突破性提高。

在高光谱遥感仪中,红外成像光谱仪(airborne visible infrared imagining spectrometer, AVIRIS)的影响最大,是一台具有革命性意义的成像光谱仪,它能同时收集从可见光到红外波段范围内的光谱信息,并将信息记录在波长 400～2500 nm 的 224 个谱段上,相邻谱段间的波长间隔约为 10 nm,其空间分辨率大约为 20 m×20 m,极大地推动了高光谱遥感技术和应用的发展。

3. 高光谱遥感图像成像原理

高光谱成像仪以纳米量级的波段宽度对地表目标进行连续的光谱成像,在获得目标空间信息的同时,还为每个像元提供大量的光谱信息。因而成像光谱仪获取的数据包括二维空间信息和一维光谱信息,所有的信息可以视为一个三维数据立方体。

图 2-20 是由 AVIRIS 获取的高光谱图像各波段组成的高光谱图像立方体,该数据为某年八月下旬美国堪萨斯州 224 波段等比放大视图。

扫码看图

图 2-20　AVIRIS 高光谱图像立方体

高光谱遥感图像最主要的特点是在通常二维图像信息的基础上添加光谱维,进而形成三维的坐标空间。如果把成像光谱图像的每个波段数据都看成一个层面,将成像光谱数据整体表达到该坐标空间,就会形成一个拥有多个层面、按波段顺序叠合构成的三维数据立方体。该立方体主要由以下三部分组成。

(1)空间图像维。在空间图像维,高光谱数据与一般的图像相似,一般的遥感图像模式识别算法适用。

(2)光谱维。从高光谱图像的每一个像元可以获得一个"连续"的光谱曲线,基于光谱数据库的"光谱匹配"技术可以实现识别地物的目的。同时大多数地物具有典型的光谱波形特征,尤其是光谱吸收特征与地物化学成分密切相关,对光谱吸收特征参数的提取将成为高光谱信息挖掘的主要方面。

(3)特征空间维。高光谱图像提供一个高维特征空间,对高光谱信息挖掘需要深切了解地物在高光谱数据形成的高维特征空间中分布的特点和行为。

高光谱遥感技术为推进现代化农业进程提供了重要的技术支持,具有实时监测能力强、监测范围广、精度高等优点,在农作物的长势监测和大面积估产、农业资源的调查与动态监测、农业灾害的预报与灾后评估等方面都发挥着重要的作用。它可以快速、简便、大面积、无破坏、客观地监测作物的长势，并对作物进行估产，在生产中具有良好的应用前景，是农作物长势监测和估产的主要发展方向。

2.4.5 高光谱遥感图像处理技术

图像处理是指对图像信息进行加工和提取的过程。对遥感图像进行一系列的操作，以求达到预期目的的技术称作遥感图像处理。在图像处理过程中，我们要了解图像中所包含的信息内容，定量地研究其信息量的多少，比较不同类型的图像和同一图像的不同波段，以及不同处理方法所得出的输出图像的信息。

1. 处理依据：高光谱图像的波谱信息

遥感图像的波谱信息是遥感影像处理的主要对象。在以波长为横轴、以反射率为纵轴的坐标系中，高光谱图像上的每个像元点在各波段的反射率都可以形成一条精细的光谱曲线，如图 2-21 所示的四条曲线可以反映由地表物质与电磁波的相互作用分别形成的大气、土壤、水、植被的特定的光谱辐射特性。不同的地物之间、同一地物在不同波段上的差异，为更高的光谱分辨率区分出地表物质提供了依据，因而高光谱遥感技术为新的遥感应用领域扩展提供了可能。

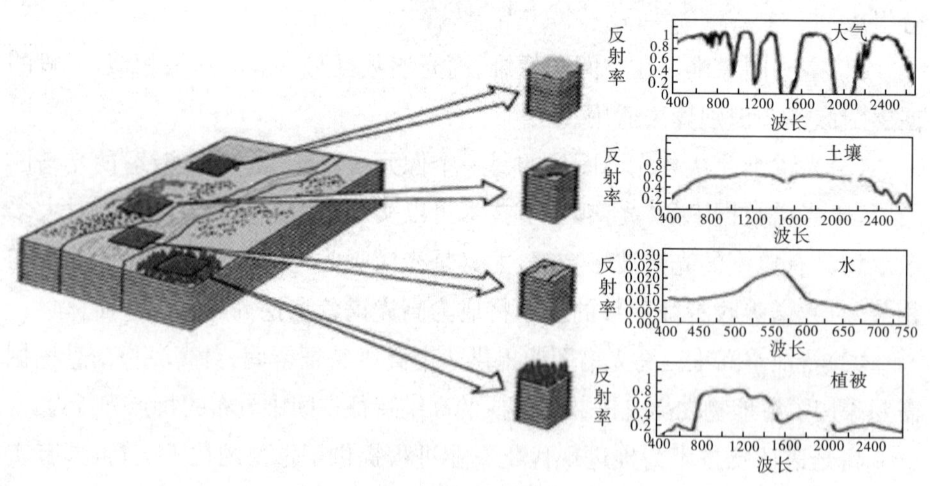

图 2-21 高光谱遥感图像数据形式

高光谱成像仪的光谱分辨率高，波段数多，数据量大，因此高光谱图像数据包含的地物信息更加丰富。虽然不同波段遥感图像的波谱信息内容有很大差异,但还是有很大一部分波谱信息是重叠的。为了减少这种重复,可以对原来的图像数据进行处理,把信息集中在较少的变量中。

2. 高光谱遥感图像处理的内容

遥感图像处理的主要目的是解决地表问题,通过对遥感图像的解译,对地物目标作出一个定性或者定量的分析。受观测环境、数据传输环境的制约,图像中可能会存在噪声和各种失真,因此在图像处理之前一般先进行预处理,主要包括图像的波段特征选择和提取、图像增强、几何校正、辐射校正等。对图像的进一步处理还有图像降维、图像变换、图像分类、图像解混、图像滤波等。目前,比较常用的算法包括从端元选择到光谱解混的距离测算方法、基于线性最小二乘支持向量机的光谱端元选择算法、基于 SGA 的端元选择快速方法等。

2.4.6 总结

遥感技术为精准农业所需空间信息差异参数的快速、准确、动态获取提供了重要的技术手段。高光谱遥感技术可以快速、简便、大面积、无破坏、客观地监测作物的长势,并对作物进行估产,因此,高光谱遥感技术在生产中具有良好的应用前景,是农作物长势监测和估产的主要发展方向。大量研究结果表明,利用高光谱遥感技术可以对作物的营养状况和水分含量进行比较准确的分析和检测,为变量施肥和灌溉提供参考,从而节省农业资源的投入。高光谱养分和水分诊断模型在农业生产中具有较高的应用价值和广阔的应用前景。

2.5 机器视觉技术

“在工业化、城镇化深入发展中同步推进农业现代化”是国家“十二五”规划的重点之一,随着规划的实施,农业自动化技术的研究和应用得到了广泛关注和高度重视。机器视觉技术是促进农业生产周期管理自动化、智能化水平提高的一种高效手段,该技术在国内外农业领域的种子品质检测、田间杂草识别、植物生长信息监测、病虫害监测等环节取得了较大的突破。我国是农业大国，现代化建设是进一步优化我国经济发展的重要环节，农业生产效率和农业自动化生产水平是农业现代化的决定性指标，而机器视觉技术能够在农业成本控制、降低人力配比率、带动产业升级、实现农业智能化等方面产生巨大的推动作用。

当然，相对于机器视觉技术在工业自动化中的应用环境，农业生产中复杂多变的室外环境显然更为恶劣。这就要求农业机器视觉技术的软硬件设备能够拥有更强的适应能力，同时相关的视觉传感器系统也需要进行针对性的设计，以便收集最有价值的信息。在未来农业的智能化发展中，机器视觉技术将扮演非常重要的辅助角色，也将面临很多技术上的挑战。

2.5.1 机器视觉发展现状

1. 机器视觉发展简介

机器视觉是建立在计算机视觉理论工程化基础上的一门学科，涉及光学成像、视觉信息处理、人工智能以及机电一体化等相关技术，经历了从二维到三维的演化过程。机器视觉发展于 20 世纪 50 年代对二维图像识别与理解的研究，包括字符识别、工件表面缺陷检测、航空图像解译等。

20 世纪 60 年代，美国麻省理工学院 Roberts 提出了利用物体的二维图像来恢复出诸如立方体等物体的三维模型（如弹簧模型与广义圆柱体模型等），并且建立空间关系描述，开辟了面向三维场景理解的立体视觉研究。

20 世纪 70 年代，美国麻省理工学院 Marr 等学者创立系统化的视觉信息处理理论，指出人类视觉从三维场景中提取对观测者有用信息的过程需要经过多层次的处理，并且这种处理过程可以用计算的方式重现，奠定了计算机视觉理论化和模式化的基础。

此后，计算机视觉技术在 20 世纪 80 年代进入了最蓬勃发展的时期，主动视觉等新的概念、方法与理论不断涌现。与此同时，随着 CCD 图像传感器、CPU 与 DSP 等硬件与图像处理技术的飞速发展，计算机视觉逐步从实验室理论研究转向工业领域的相关技术应用，从而产生了机器视觉。由于具有实时性好、定位精度与智能化程度高等特点，机器视觉已经在智能汽车、电子、医药、食品、农业等领域得到了广泛的应用，如占机器视觉市场需求 40%～50%的半导体制造行业，从上游的晶圆加工切割到高精度 PCB 定位，从 SMT 元件放置到表面缺陷检测等都依赖高精度的机器视觉引导与定位。

2. 国外机器视觉发展

机器视觉早期发展于欧美国家和日本，并诞生了许多著名的机器视觉产业公司，包括光源供应商日本茉丽特（Moritex），镜头厂家美国 Navitar、德国施耐德（Schneider）、德国蔡斯（Zeiss）、日本 Computar 等，工业相机厂家德国 AVT、美国 DALSA、日本 JAI、德国 Basler、瑞士 AOS、德国 Optronis，视觉分析软件厂家德国 MVTec、美国康耐视（Cognex）、加拿大 Adept 等，以及传感器厂家日本松下（Panasonic）与基恩士（Keyence）、德国西门子（Siemens）、欧姆龙（Omron）、迈思肯（Microscan）等。

尽管近十年来全球产业向中国转移，但欧美等发达国家在机器视觉相关技术上仍处于统治地位，其中美国康耐视与日本基恩士几乎垄断了全球 50%以上的市场份额，全球机器视觉行业呈现两强对峙状态。在诸如德国工业 4.0 战略、美国再工业化和工业互联网战略、日本机器人新战略、欧盟“火花”计划等战略与计划以及相关政策的支持下，发达国家与地区的机器视觉技术创新势头高昂，进一步扩大了国际机器视觉市场的规模。

如图 2-22 所示，至 2018 年，机器视觉系统的全球市场规模接近 80 亿美元，年均增长率超过 15.0%。世界最大的机器视觉市场——德国市场，其规模为 27.1 亿美元，占比超过全球总量的 1/3。

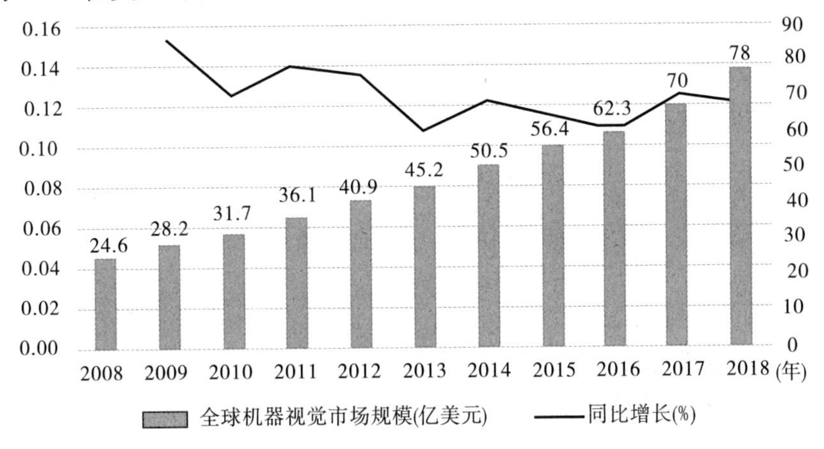

图 2-22　2008—2018 年全球机器视觉行业规模情况（来源于前瞻产业研究院）

3. 国内机器视觉发展

相比于发达国家，我国直到 90 年代初才有少数的视觉技术公司成立。相关视觉产品主要包括多媒体处理、表面缺陷检测以及车牌识别等，但市场需求量不大，同时，产品本身存在软硬件功能单一、可靠性较差等问题。直到 1998 年，我国机器视觉才逐步发展起来。国内机器视觉发展经历了启蒙、发展初期、发展中期和高速发展等阶段。

(1)机器视觉启蒙阶段。自 1998 年起，大量电子企业投资建厂，迫切需要得到大量机器视觉相关技术的支持。一些自动化公司开始依托国外视觉软硬件产品搭建简单专用的视觉应用系统，并不断地引导和加强中国客户对机器视觉技术和产品的理解和认知，让更多相关产业人员了解视觉技术带给自动化产业的独特价值和广泛应用前景，从而逐步带动机器视觉在电子、特种印刷等行业的应用。

(2)机器视觉发展初期阶段。从 2002 年到 2007 年，越来越多的企业开始针对各自的需求寻找基于机器视觉的解决方案，以及探索与研发具有自主知识产权的机器视觉软硬件设备，在 USB 2.0 接口的相机和采集卡等器件方面，逐渐占据了入门级市场，同时，在诸如检测与定位、计数、表面缺陷检测等应用与系统集成方面取得了关键性突破。随着国外生产线向国内转移以及人民日益增长的产品品质需求，国内很多传统产业，如棉纺、农作物分级、焊接等行业，开始尝试用视觉技术取代人工来提升产品质量和工作效率。

(3)机器视觉发展中期阶段。从 2008 年到 2012 年，出现了许多从事工业相机、镜头、光源、图像处理软件等核心产品研发的厂商，大量中国创造的产品进入市场。相关企业的机器视觉产品设计、开发与应用能力，在不断实践中得到了提升。同时，机器视觉在农业、制药、烟草等多行业得到深度应用，培养了大批系统级技术人员。

(4)机器视觉高速发展阶段。近年来，我国先后出台了促进智能制造、智能机器人视觉系统以及智能检测发展的政策文件：《中国制造 2025》提出实施制造强国，推动中国到 2025 年基本实现工业化，迈入制造强国行列；《高端智能再制造行动计划(2018—2020 年)》提出中国智能检测技术在 2020 年要达到国际先进水平。得益于相关政策的扶持和引导，我国机器视觉行业的投入与产出显著增长，市场规模快速扩大。据高工机器人产业研究所统计，

2018 年中国机器视觉市场规模达到 120 亿元，同比增速超过 84%，高于其他细分领域增速，如图 2-23 所示。我国已有机器视觉正逐渐向多领域、多行业、多层次应用延伸。目前，我国已有机器视觉企业 100 余家，如凌华科技、大恒图像、商汤、旷视科技、云从科技等，机器视觉相关产品代理商 200 余家，如广州嘉铭工业、微视图像等，系统集成商 50 余家，如大恒图像、凌云光子等。产品涵盖从成像到视觉处理与控制整个产业链，总体上视觉应用呈现百花齐放的状态。

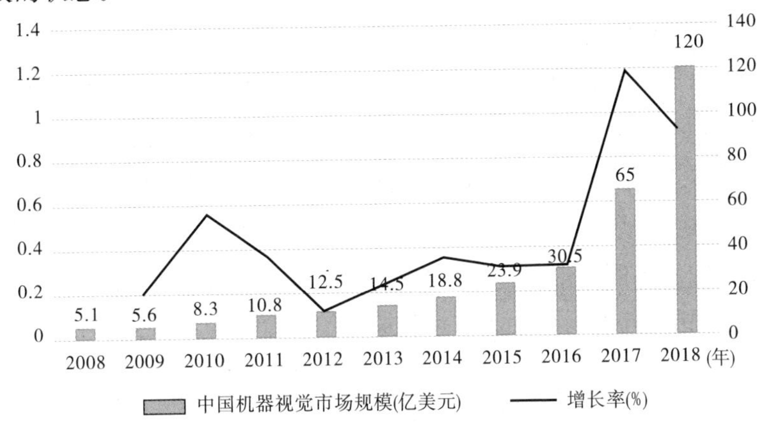

图 2-23　2008－2018 年中国机器视觉行业规模情况

尽管目前我国机器视觉产业已取得飞速发展，但总体来说，大型跨国公司仍占据行业价值链的顶端，拥有较为稳定的市场份额和利润水平。我国机器视觉公司规模较小，与机器视觉大企业相比，许多基础技术和器件，如图像传感器芯片、高端镜头等，仍依赖进口。国内企业主要以产品代理、系统集成、设备制造，以及上层二次应用开发为主，底层开发商较少，产品创新性不强，处于中低端市场，相对来说企业利润水平偏低。

2.5.2　机器视觉组成与关键技术

一般来说，机器视觉包括照明系统、成像系统、视觉信息处理系统等关键组成部分。下面对机器视觉系统主要组成部分相关技术进行分析与总结。

1. 机器视觉照明系统

照明系统的作用主要是将外部光以合适的方式照射到被测目标物体以

突出图像的特定特征，并抑制外部干扰等，从而实现图像中目标与背景的最佳分离，提高系统检测精度与运行效率。影响照明系统的因素复杂多变，目前没有普适的机器视觉照明方案，往往需要针对具体的应用环境，并考虑待检测目标与背景的光反射与传输特性区别、距离等因素，选择合适的光源类型、照射方式及光源颜色来设计具体的照明方案，以达到目标与背景的最佳分割效果。

按光源类型划分，机器视觉光源主要包括卤素灯、荧光灯、氙灯、LED、激光、红外、X射线等。

其中，卤素灯和氙灯具有宽的频谱范围和高能量，但属于热辐射光源，发热多，功耗相对较高；荧光灯属于气体放电光源，发热相对较少，调色范围较宽；红外光源与X射线光源应用领域较为单一；LED发光是半导体内部的电子迁移产生的光，属于固态电光源，发光过程不产生热，具有功耗低、寿命长、发热少、易做成不同外形等优点。现如今，LED光源已成为机器视觉的首选光源。各种光源性能对比如表2-6所示。

表2-6 几种常用光源性能对比表

光源	颜色	寿命(小时)	发光亮度	特点
卤素灯	白、偏黄	5 000～7 000	很亮	发热多、价格低
氙灯	白、偏蓝	3 000～7 000	亮	发热多、持续光
荧光灯	白、偏绿	5 000～7 000	亮	价格低
LED	范围宽	60 000～100 000	较亮	响应快、发热少、外形多样化
激光	红外到可见光之间	10 000	取决于波长	效率高、较好的方向性

按光源形状划分，照明光源可分为条形、穹形、环形、同轴以及定制等光源。

按光源照射方式划分，照明系统可分为明场照明、暗场照明、前向照明、侧向照明、背向照明、结构光照明、多角度照射与频闪照明等。明场照明光源位置较高，大部分光线反射后进入相机；暗场照明采用低角度照射方式，光线反射后不能进入相机，可提高对表面凹凸的表现能力，暗场照明常用于光滑面板，如手机壳、玻璃基片等表面划痕检查；背向照明是被测物置于光源和相机之间以获取较高对比度的图像，常用于分析物体的轮廓或透明物体内的异物；多角度照射则采用不同角度光照方式，以提取三维信息，如电路板焊接缺陷检测往往采用多角度照射的 AOI 光源来提高成像质量；结构光照明是将激光或投影仪产生的光栅投射到被测物表面，然后根据投影图案产生的畸变程度来重建物体的三维信息。

此外，光源颜色会对图像对比度产生显著影响，一般来说，波长越短，穿透性就越强，反之则扩散性越好，因此，光源选择需要考虑光源波长特性。

2. 机器视觉成像系统

红色光源多用于半透明等物体检测，可提供不获取被观测目标的高质量图像，并传送到专用图像处理系统进行处理。

镜头相当于人眼睛的晶状体，其作用是将来自目标的光辐射聚焦在相机芯片的光敏面阵上。镜头按照等效焦距可分为广角镜头、中焦距镜头、长焦距镜头；按功能可分为变焦距镜头、定焦距镜头、定光圈镜头等。镜头的质量直接影响所获取图像的清晰度、畸变程度等，若成像系统获取的图像信息存在严重损失，则往往在后面的环节中难以恢复，因此，合理选择镜头是机器视觉中成像光路设计的重要环节。

同时，光源旋转需要考虑光源与物体的色相性，通过选择互补色环图（图 2-24）上相对应的互补颜色来提高目标与背景间的颜色对比度。因此，在实际应用中，需考虑光源与物体颜色的相关性，选择合适的光源来过滤掉干扰，如对于某特定颜色的背景，常采用与背景颜色相近的光源来提高背景的亮度，以改善图像对比度。

扫码看图

图 2-24　互补色环图

成像系统是机器人视觉感知系统中的“视”部分，采用镜头、工业相机与图像采集卡等相关设备。其中，放大倍数＝传感器尺寸/视场大小。受镜头表面镀膜的干涉与吸收特性影响，选择镜头时需要考虑镜头最高分辨率的光线应与光源波长、相机光敏面阵接受波长相匹配，以保证光学镜头对光线具有较高的透过率。

工业相机是将光辐射转变成模拟/数字信号的设备，通常包括光电转换、外围电路、图像输出接口等部件。按数据传送的方式不同，相机可以分为CCD相机与CMOS相机两类，其中，CCD成像质量好，但制造工艺相对复杂，成本较高，而CMOS电源消耗量低，数据读取快。按照传感器的结构特性不同，工业相机可分为面阵式工业相机与线阵式工业相机两大类。面阵式相机可以一次获得整幅图像，测量图像直观，其应用面较广，但由于生产技术的制约，单个面阵相机很难满足工业连续成像的要求。线阵式相机每次成像只能获得一行图像信息，因此需要保证被拍摄物体相对相机直线移动，逐次扫描获得完整的图像。线阵式相机具有分辨率高等特点，常用于条状、筒状，如布匹、钢板、纸张等的检测。由于逐次扫描需要进行相对直线移动，因此，成像系统复杂性和成本有所增加。

相机选择需要考虑光电转换器件模式、响应速度、视野范围、系统精度等因素。此外，由于工业设计的需求，当使用工业模拟相机时必须采用图像采集卡将采集的信号转换为数字图像进行传输存储。因此，图像采集卡需要与相机协调工作来实时完成图像数据的高速采集与读取等任务。针对不同类型的相机，有USB、PCI、PCI64、ISA等不同总线形式的图像采集卡。

3. 机器视觉信息处理系统

视觉信息处理充当了机器视觉的“大脑”部分，对相机采集的图像进行处理分析实现对特定目标的检测、分析与识别，并作出相应决策，是机器视觉系统的“觉”部分。视觉信息处理一般包括图像预处理、图像定位与分割、图像特征提取、模式分类和图像语义理解等层次。

(1)图像预处理。

图像预处理主要借助相机标定、去噪、增强、配准与拼接、融合等操作来提高图像质量、降低后续处理难度。相机标定旨在求解相机的内参(焦距，畸变系数)和外参(旋转矩阵和平移向量)，以提供物体表面某点的三维几何位置与其在图像中对应点之间的精确坐标关系，标定精度的高低直接影响机器视觉定位的精度。常用标定方法有张正友标定法、自标定法等。同时，受各种电磁等干扰，获取的图像常含有椒盐、高斯等多种噪声，对比度低，并存在运动模糊等现象，因此需要对图像去噪或结构增强以提高图像质量。其中，去噪方法一般可分为空间域去噪与变换域去噪两大类，而主流的图像增强方法包含直方图均衡化、图像锐化、视觉模型增强、运动模糊去除等方法。同时，由于视野范围限制、成像模式不同，需要对生产线上不同位置获取的多模或同模态图像进行配准，再实现多幅图像拼接或融合处理。

图像配准一般分为基于图像灰度的配准方法与基于图像特征的配准方法。基于图像灰度的配准方法直接采用归一化的互相关、互信息等相似性度量函数来计算图像灰度值之间的相似性，并确定图像间的配准参数。此类方法简单、配准精度高，但对图像灰度变化、旋转、变形以及遮挡比较敏感，计算复杂度高，往往需要采用各种优化策略。基于特征的配准方法首先从图像提取各种点、线、区域等特征，然后进行空间约束或不变特征匹配得到特征间的匹配关系，进而估计出图像之间的变换关系。此类方法计算速度快，但依赖特征的提取。由于在配准过程中需要搜索多维空间，机器视觉系统常采用金字塔、小波方法以及各种优化策略来减小配准计算量。在图像配准的基础上，有些工业生产线需对多源图像进行融合，保证可以尽量提取有用信息，去除冗余或干扰信息，在较少的计算代价下高效利用图像资源，并改善计算机的解译精度和可靠性。根据图像表征层次的不同，图像融合可分为像素级融合、特征级融合和决策级融合三个层次的融合。通过融合技术可以提高视觉目标检测的识别与抗干扰能力。

(2)图像定位与分割。

图像定位与分割主要利用目标边界、几何形状等先验特征或知识确定待检测目标的位置或从图像中分割出目标，是确定目标位置、大小、方向等信息的重要手段。

图像定位利用图像灰度或特征信息来确定图像中被检测物体的位置、大小及旋转角度等，主要采用模板匹配方法实现，即通过计算模板图像(通常是被检测物体图像)和待搜索图像的相似性度量，寻找相似性度量值最大或最小对应的匹配位置，即目标位置。模板匹配具有速度快、定位精度高、简单等优点，在视觉定位与引导中得到了广泛应用。由于需要给定待检测物体的图像，因此模板匹配定位方法只适用于背景简单、特征固定的物体，难以用于不规则形状物体的定位。

图像分割是根据目标及背景特性将图像划分为多个具有独特属性的非重叠区域，进而确定目标位置、区域大小。图像分割一般有以下5种方法。

①阈值分割方法:首先对图像像素灰度分布特性进行分析,然后采用先验知识或 Otsu 等方法确定最优灰度阈值将图像分割为两个或多个局部区域。该方法简单高效,适用于待检测目标与背景具有明显差异的情况。

②区域分割方法:利用区域内图像特征(如颜色、纹理等)具有均匀性或相似性将像素集合起来实现图像分割,包括区域生长、分裂合并、分水岭等算法。此类方法能够处理较为复杂的图像,但计算量大,而且种子点的选取与迭代终止条件的设定容易影响分割结果,甚至可能会破坏区域边界。

③基于边缘的分割方法:该方法利用不同图像区域在边界处有明显灰度跳变或不连续性,找到目标区域的边缘来实现图像分割。由于不连续性常通过求导数来实现,因此该类方法适用于噪声比较小的图像,尤其是二阶微分算子对噪声十分敏感。

④基于图论的分割方法:借助于图论的思想,将待分割图像转换为带权无向图,其中,每一个像素即为图中的一个节点,将图像分割问题转化为图顶点的标注问题,再利用最小优化准则,如图割、随机游走等,实现图像的最佳分割。该方法可以较好地分割图像,但计算复杂度高。

⑤基于神经网络的语义分割方法:模拟人类感知过程,采用如脉冲耦合神经网络等方法来处理复杂的非线性问题。近年来,人们在图像语义分割领域深入研究了深度学习技术,提出了 FCN、DeepLab、Mask R-CNN、U-Net 等分割算法,并将其应用在自动驾驶、影像诊断等领域。该类方法适应性较强,能够对被分割区域分配不同的标签,但存在学习过程复杂,计算量大等缺点。

(3)图像特征提取。

图像识别是先提取形状、面积、灰度、纹理等特征,然后借助于模式识别等方法如模式匹配、支持向量机、深度学习等来实现目标分类、缺陷检测等功能,满足工业机器视觉不同的应用需求。因此,图像特征提取在很大程度上影响图像识别结果。

图像特征提取可视为从图像中提取关键有用的低维特征信息的过程,使获取的低维特征向量能够有效地描述目标,并保证同类目标具有较小的类内距,而不同类目标具有较大的类间距。高效的特征提取可提高后续目标识别的精度与鲁棒性,降低计算复杂度。常用的二维图像特征包括纹理特征、形状特征和颜色特征等。

①纹理特征:描述物体表面结构排列以及重复出现的局部模式,即物体表面的同质性,不依赖于颜色或亮度,具有局部性与全局性,对旋转与噪声不敏感。纹理特征提取方法包括统计法,如灰度共生矩阵、局部二值模式(local binary patterns, LBP);基于变换的方法,如Gabor滤波器、小波变换等。

②形状特征:根据仅提取轮廓或整个形状区域的不同,形状特征可细分为轮廓形状特征与区域形状特征两类。

• 轮廓形状特征对目标区域的包围边界进行描述,其描述方法包括有边界特征法、简单几何特征、基于变换域(如傅里叶描述子、小波描述子)、曲率尺度空间(curvature scale space, CSS)、霍夫变换等方法。轮廓特征描述量小,但包含信息较多,能有效地减少计算量;但轮廓特征对于噪声和形变敏感,常难以提取完整的轮廓信息。

• 区域形状特征对目标轮廓所包围的区域中的所有像素灰度值或对应的梯度进行描述,主要有几何特征(如面积、质心、分散度等)、拓扑结构特征(如欧拉数)、矩特征(如Hu不变矩、Zernike矩)、梯度分布特征(如HOG、SIFT等)。

③颜色特征:用于描述图像所对应景物的外观属性,是人类感知和区分不同物体的基本视觉特征之一,其颜色对图像平移、旋转与尺度变化具有较强的鲁棒性。颜色空间模型主要有HSV、RGB、HSI、CHL、LAB、CMY等。常用的颜色特征的表征方法包括颜色直方图、颜色相关图、颜色矩、颜色聚合向量等。

(4)模式分类。

模式分类通过构造一个多分类器,将从数据集中提取的图像特征映射到某一个给定的类别中,从而实现目标分类与识别。分类器的构造性能直接影响其识别的整体效率,也是模式识别的研究核心。模式分类可分为统计模式识别、结构模式识别、神经网络和深度学习等主要方法。

①统计模式识别。统计模式识别结合了统计概率的贝叶斯决策理论以对模式进行统计分类,其主要方法有贝叶斯、Fisher分类器、支持向量机、Boosting等。统计模式识别理论完善,并取得了不少应用成果,但很少利用模式本身的结构关系。

②结构模式识别。结构模式识别(又称句法模式识别)首先将一个模式分解为多个较简单的子模式,分别识别子模式,最终利用模式与子模式分层结构的树状信息完成最终识别工作。结构模式识别理论最早用于汉字识别,能有效区分相似汉字,对字体变化的适应性强,但抗干扰能力差。因此,往往将其同时结合统计模式识别和句法模式识别来解决具体问题。

③神经网络。神经网络是一种模仿动物神经网络进行分布式并行信息处理机理的数学模型,它通过调整内部大量节点之间的相互连接关系来实现信息并行处理。目前神经网络又可进一步分为 BP 神经网络、Hopfield 网络与 ART 网络等。神经网络具有很强的非自线性拟合、记忆以及自学习能力,学习规则简单,便于计算机实现,因此得到了广泛的应用。但神经网络具有学习速度慢、容易陷入局部极值以及求解时会遇到梯度消失或者梯度爆炸等缺点。

④深度学习。2006 年,Hinton 等人提出一种基于无监督的深度置信网络,解决了深度神经网络训练的难题,掀起了深度学习的浪潮,自此,先后涌现了包括稀疏自编码器、受限玻尔兹曼机、卷积神经网络、循环神经网络、深度生成式对抗网络等模型。与传统的机器学习相比,深度学习提倡采用端到端的方式来解决问题,即直接将图像特征提取与模式分类集合在一起,然后根据具体的模式分类目标损失函数(如交叉熵损失、Hinge 损失函数等)从数据中自动地学习有效的特征并实现模式分类,学习能力强。因此深度学习在计算机视觉、语音识别、字符识别、交通、农业、表面缺陷检测等领域取得了巨大成功。深度学习存在缺少完善的理论支持、模型正确性验证复杂且麻烦、需要大量训练样本、计算量大等问题。但相信随着深度学习研究的不断深入,深度学习将为机器视觉带来更广阔的发展空间。

(5)图像语义理解。

图像语义理解在图像感知(如前述的预处理、分割检测、分类识别)的基础上,从行为认知及语义等多个角度挖掘视觉数据内涵的特征与模式,并对图像中目标或群体行为、目标关系等进行理解与表达。它是机器理解视觉世界的终极目标,涉及信号处理、计算机视觉、模式识别和认知科学等多个交叉学科,近年来已经成为计算机科学领域的研究热点。

图像语义理解一般可分为自底向上的数据驱动方法和自顶向下的知识驱动方法。

①自底向上的数字驱动方法。自底向上的数据驱动方法首先对图像颜色、纹理、形状等特征进行分析，采用多层逐步提取有用的语义信息，最终实现更接近于人类的抽象思维的图像表示，并利用语义网、逻辑表达、数学形态学等知识表达工具引入知识信息，消除图像解释的模糊性，实现图像语义理解。

②自顶向下的数字驱动方法。自顶向下的知识驱动方法通常建立抽象知识库的符号化和形式化表示，并构建基于先验知识的规则库，利用推理逻辑自动地对图像进行分类，这类方法尝试模拟人类的逻辑推理能力，具有较高抽象水平，属于高级的认知过程。然而，由于图像语义理解依赖于对象的存在、属性及其与其他对象的关系，无论是低层特征的表征，还是上层的语义句法描述，都难以支撑跨越图像低层特征与高层场景语义之间的"语义鸿沟"，而图像场景语义理解必须解决低层视觉特征和高层场景语义之间的映射关系。

近几年来，随着深度学习的快速发展，图像语义理解问题也从传统经典算法过渡到基于深度神经网络训练的图像理解算法，希望通过深度学习将机器可以识别的图像低层特征与图像相匹配的文本、语音等语义数据进行联合训练，从而消除语义鸿沟，完成对图像高层语义的理解。目前语义理解研究工作主要集中在场景语义分割与分类、场景评注以及自然语言生成等方面。

尽管视觉处理算法研究取得了巨大的进步，但面对检测对象多样、几何结构精密复杂、高速运动状态以及复杂多变的应用环境，现有的视觉处理算法仍然面临极大的挑战。

总体而言，机器视觉技术综合了光学、机电一体化、图像处理、人工智能等方面的技术，其性能并不仅仅取决于某一个部件的性能，还需要综合考虑系统中各部件间的协同能力。因此，系统分析、设计以及集成与优化是机器视觉系统开发的难点和基础，也是国内厂商有待加强的部分。

2.5.3 机器视觉技术应用

正如在工业环境中一样，机器视觉在农业中最关键的好处之一是它能够自动完成耗时长、劳动密集型的任务。随着传感器系统和执行器的进一步完善,机器视觉系统将逐渐应用于水果采摘管理、作物的控制和收获,以及一系列其他任务。农业工作者的作用主要体现在监督能力上,以帮助进一步优化机器视觉系统。

1. 种子和果实分级检测

农作物种子的质量是决定农作物最终产量的重要因素,因此,类型识别以及播种前的精选,对于提高农作物产量具有重要意义。传统的人工分选与检测耗时耗力、工作量大。20 世纪 70 年代,国外研究者开始利用机器视觉技术对获取的种子图像进行基本的几何测量,获得形状、长宽比、面积等参数,进而区分种子的类别。

利用机器视觉技术进行种子质量检验的步骤一般包括:图像采集、特征提取和分类器设计。一些研究者在此基础上开发了机械分选装置,并且建立了种子在线检测系统。陈兵旗等设计了一种基于机器视觉的水稻种子精选装置。该装置主要包括传送带、光电触发图像采集系统和图像处理与分析系统,可以检测出几何参数不合格及霉变的种子。在种子精选过程中,以扫描线上的像素突变次数来判断种子是否破裂,利用不同的阈值提取稻种的面积差,判断稻种是否霉变或者破损。

机器视觉技术具有准确、客观、无损等优点,在农产品的品质检测和分级方面有很多研究和应用。通过提取农产品静态图像中的形态、颜色等基本特征信息,确定农产品的品质,最后依据分级标准进行分级操作。

对农作物种子的形态、色泽、纹理等性状进行特征信息的提取与分析,称为考种。由于考种工作量大且烦琐、主观性较强、测量效率低,因此一些研究者对不同种类的种子特性进行分析,开发了基于机器视觉技术的考种系统。其中,玉米考种系统是目前工作中常用的仪器。它可以快速、准确地提取玉米种子外形轮廓,进而对果穗长度、穗行数、每行粒数、种穗饱满度等形态特征进行提取。中国也有很多果穗性状无损测量相关的研究,王侨等设计了一种玉米种穗精选传输装置,可以实现玉米种穗性状动态测量。根据种穗图像中种穗的外形特征、黄色籽粒区域与整个种穗的面积比、端面矩形度等参数判断合格种穗,可以提高大批量种穗分选的效率,刘长青等提出了一种基于机器视觉的玉米果穗参数图像测量方法,使用摄像头连续图像,经过图像处理,获得玉米果穗的穗长和穗宽、每一穗行的穗粒数和穗行宽度、穗行数。使用该方法的参数测量准确率较高、处理时间较短。该成果可应用于玉米千粒质量检测、产量预测育种和品质分析等场合，获得了发明专利授权。还有学者提出利用机器视觉获取玉米粒行数并统计籽粒数，该方法效率较高，并且成本低。

2. 农作物信息采集与病害检测

农作物在生长过程中极易遭受病虫侵害，从而影响最终产量。传统的大面积施药不仅浪费资源，而且容易对环境造成污染和破坏。因此，对作物病虫害区域进行检测和识别，控制喷药机械精准喷洒，是当前机器视觉在农业应用领域的研究热点。陈兵旗等研究了小麦病害图像诊断算法，首先利用小波变换结合病害纹理特征分析进行病害部位的强调，然后通过模态法自动进行阈值分割，获得二值图像，并对其执行膨胀与腐蚀处理，获得病害部位较完整的修复图像，最后将修复图像病害部位的二值图像与原图像进行匹配，获得结果图像原图像及检测结果图像，获得检测图像之后，将病害部位特征数据与小麦病害种类数据库比对，进行病害类型的判断。韩瑞珍等设计了害虫远程自动识别系统，实现了大田害虫的快速实时识别。害虫图像经过分割后，寻找最大连通区域进行去噪处理得到最后的害虫图像，提取特征值并保存特征值矩阵，利用得到的特征值矩阵对支持向量机分类器进行训练，最后，利用分类器对害虫识别请求进行自动分类，该系统可以通过3G无线网络将害虫照片传输到主控平台实现远程自动识别。

作物外部生长信息包括植物的叶面积、株高、叶片颜色等，通过对作物生长信息的监测，可以及时调整作物培养方案，为作物提供适宜的生长环境，满足精细化农业生产管理的要求。机器视觉技术对作物的生长检测主要是采集作物二维图像或合成三维图像，进行定量分析，判断作物生长状况。

果蔬的采摘工作耗时耗力且人工成本较高，由于机器视觉可以完成形状和颜色识别相关工作，因此，结合机器视觉的自动采摘设备具有很广阔的发展前景。自然环境下桃子果实的自动识别算法过程为：首先以色差R-G的平均值作为阈值提取桃子红色区域，然后进行匹配扩展以识别整个区域，通过轮廓上线的垂直平分线的交点，得到拟合圆的潜在中心点，最后，通过计算潜在中心点的统计参数，得到拟合圆的中心点和半径。该算法的环境适应性较高，可以识别单个果实、彼此接触的果实、被遮挡的果实，且识别准确率高。

3. 重型农机设备自动化

机器视觉可以大大增强现有农业设备的工作效率，并可广泛应用于一些重型农用机械设备的自动化升级中。机器视觉技术的采用有助于创造新一代的农机设备，如在莴苣生产前期，装备视觉系统的除草机能够区分健康的莴苣幼苗和入侵植物，并应用适当的化学或人工方法来提高幼苗的生存能力。

目前，我国茶叶采摘和用工的矛盾已经成为茶产业发展的瓶颈，加快发展茶叶采摘机械化势在必行。采用机械化作业替代人工，不仅可以降低成本，而且能够提高采茶质量和生产效率。机器视觉在茶陇识别与采茶机导航中的应用，给茶产业带来了新的春天。利用计算机视觉系统识别茶树嫩芽并实现定位采摘的方法，不仅可以保证叶片的完整性，还能使整个采摘过程完全自动化，节省了大量人力物力。当然，机器视觉的识别效率还有提升的空间。

农业车辆自动导航是农业智能化研究的热点，基于机器视觉的导航路线检测算法是自动导航系统的核心。首先，以图像中的颜色分布来判断稻谷之间的空间作为行进路线，然后通过对水平线轮廓线的分析，检测出其运动方向的候选点，最后，通过对已知的点进行 Hough 变换检测移动方向线。该算法检测速度快、适应性强，对于复杂水田也可以有效提取导航路线。

在农用车辆自动驾驶的研究中，农田障碍物的检测也是很重要的研究内容。机器视觉系统检测到障碍物后控制执行机构进行制动或者警告，对于实现无人驾驶或者车辆辅助驾驶都具有非常重要的意义。这些研究均具有一定的可行性，为实现农用车辆无人驾驶提供了参考依据。

4. 植保无人机

由于现代视觉系统具有高度的精确性，目前的植保无人机已经可以用来监测宏观水平的农作物状况。这使专业人员有机会迅速采取行动，防止疾病、害虫或不利环境条件的意外爆发。例如，在棉花种植过程中，在脱叶期到来之前给它喷洒脱叶剂，就是影响最后收成的关键环节。脱叶剂喷洒得好，不仅可以促进棉花均匀成熟，还可以减少采摘的棉花上残留的叶渣等杂质，从而提高棉花的品质。传统手段通常通过把拖拉机开进棉花田里，通过车上连着的喷杆来进行撒药。但这种做法不仅会碾压破坏大片的棉花，增大无谓的损耗，而且棉花长势过高处车无法进入。此时，只能用人工进行喷药、浇水、防虫、顶芽摘尖、脱叶、采摘等工作。棉花生长过程中任何一个环节出现的意外如果没有被及时处理，造成的损失都几乎无法挽回。而装载机器视觉识别系统的植保无人机就能实现对棉花等农作物的高效低公害施药。空中施药不仅可以避免碾压破坏棉花，机器视觉系统还能识别不同田地的地形和农作物分布，自动设置最佳的喷水洒药用量和运作轨迹。原本每 667 m^2 需要 30 L 的药水喷洒，现在每 667 m^2 只需要 1L 药水喷洒。一台植保无人机每小时可以完成 2 万～10 万 m^2 农田的作业，而一个工作人员能控制 2～5 台无人机。在大幅度节省人力和药水成本，提高效率的同时，效果甚至比费时耗力的人工和传统粗暴的机械作业要好上不少。

与公路导航相比，农田导航目标的识别更复杂，但是农田导航不需要特别关注周围环境，所以农用视觉导航系统更容易推广使用。国内外很多研究者都将视觉导航系统和控制系统、机械装置结合，设计了无人机系统。无人机进行农药的喷洒等大规模作业，可以大幅度提高工作质量，节约劳动力。

最受欢迎的精准农业应用之一就是使用无人机进行喷洒作业。喷洒在作物上的农业化学品旨在提高作物产量并减少可能的植物病虫害。然而，农业化学品的过度以及不平衡使用会对环境和人类健康产生负面影响，导致癌症和神经系统疾病。与快速且不平衡的喷雾器相比，无人机可以减少农药的使用，并最大限度地提高植物健康和产量。将化学农药喷洒在植物上，通常使用安装在无人机上的喷洒系统。通过图像处理和人工智能等技术，可以预测土壤或植物的状况，并相应地进行喷洒。

就用水量而言，敏感的灌溉应用系统是全世界关注的焦点。全世界消耗的水中有 70%用于灌溉作物，这一事实突出了精确灌溉的重要性。配备光谱和热像仪的无人机可以识别缺水的区域，并智能地向这些地区输送水进行灌溉。具有不同成像技术的图像处理和人工智能算法可确保在所需位置有足够的使用水。无人机获得的土壤形态使这些应用成为可能，并防止了水的浪费。灌溉应用系统类似于喷洒应用系统，只是装载的是水而不是杀虫剂。在未来的智能农业应用中，预计将实施与无人机、无人地面车辆（unmanned ground vehicle，UGV）或畜群机器人的协作灌溉系统。

杂草检测也是精准农业的应用之一。田间的杂草会对主要作物的生长产生不利影响,并导致作物产量和生长的损失。为了防止这种情况发生,应检测杂草,并防止其生长。然而,由于杂草的分布不是规则的(异质的),因此需要精确地检测。在这种情况下,基于深度学习的方法得到了非常积极的成果,可成功检测,更好地帮助人类使用除草剂实现杂草控制。传统方法过度使用除草剂,导致作物产量下降,而在无人机检测到的杂草上喷洒足量的除草剂在成本、环境污染和产量方面更有利。为了精确喷洒除草剂,需要在无人机图像上标记杂草区域。

2.5.4 面临的挑战

尽管机器视觉取得了巨大的进展,并得到广泛的应用,但还有许多问题有待解决。

机器视觉技术对测量条件和环境要求较高,但是农业生产环境复杂,应用场合多变,针对不同的研究对象和生产环境需要开发不同的处理算法,使得机器视觉测量的环境适应性和可靠性较差。由于农作物具有多样性特征,机器视觉在农作物信息检测和特征提取方面还存在一些不足。对于一些颜色或形状特征不明显作物的检测还需要研究更高精度的检测算法。为此,需要研究与选择性能最优的图像特征来抑制噪声的干扰,增强图像处理算法的普适性,同时又不增加图像处理的难度。

图像和视频具有数据量庞大、冗余信息多等特点,图像处理速度是影响视觉系统应用的主要瓶颈之一。因此要求视觉处理算法必须具有较快的计算速度,否则长时间的图像处理会导致系统出现明显的时滞,难以提高工业生产效率。因此,期待高速的并行处理单元与图像处理算法的新突破来提高图像处理速度。

目前,包含末端执行机构的机器视觉系统还不成熟,未能进行大规模的农业生产应用。并且,由于机械控制系统存在局限性,机器视觉产品的通用性和智能性不够好,导致机器视觉在某些实时性要求较高的场合往往需要结合实际需求选择配套的专用硬件和软件,从而导致布局新的机器视觉系统开发成本过大、时间过长,这也为机器视觉技术在中小企业的应用带来一定的困难,因此加强设备的通用性至关重要。

由于受到使用视野范围与成像模式的限制,单一视觉传感器往往无法获取高效的图像数据。多传感器融合可以有效地解决这个问题,通过融合不同传感器采集到的信息可以消除单传感器数据不确定性的问题,获得更加可靠、准确的结果。但实际应用场景存在数据海量、冗余信息多、特征空间维度高与问题对象复杂等问题,需要提高信息融合的速度,解决多传感器信息融合的问题。

当前,基于机器视觉的农业装备集成化和智能化程度不高,操作复杂。很多对于农业生产的机器视觉应用研究仍处于试验阶段,农业智能装备的大规模应用还需要克服很多实际问题。

2.5.5 发展态势

由于问题存在复杂性和长期性,因此机器视觉系统在农业领域的应用还要经历一段很长的发展阶段。随着机器人技术、计算机算力与图像处理等的不断发展,机器视觉将会在农业领域发挥日益重要的作用,与此同时,也将呈现出一些新的发展态势。

1. 3D工业视觉将成为发展趋势

二维机器视觉系统将客观存在的3D空间压缩至二维空间,其性能容易受到环境光、零件颜色等因素的干扰,其可靠性逐渐无法满足现代农业应用的需求。随着3D传感器技术的成熟,3D机器视觉已逐步成为制造行业的未来发展趋势之一。未来,机器人可以通过3D视觉系统从任意放置的物体堆中识别物体的位置、方向及场景深度等信息,并能自主地调整方向来拾取物体,以提高生产效率并减少此过程中的人机交互需求,使产品瑕疵检测及机器人视觉引导工作更加顺畅。

2. 嵌入式片上视觉系统将成为主流形态

嵌入式视觉系统具有简便灵活、低成本、可靠、易于集成等特点,小型化、集成化产品将成为实现"芯片上视觉系统"的重要方向。机器视觉行业将充分利用更精致小巧的处理器,如DSP、FPGA等,来建立微型的视觉系统。小型化、集成化产品成为实现"芯片上视觉系统"的重要方向,这些系统几乎可以植入任何地方,不再限于生产车间内。随着嵌入式微处理器功能增强,存储器集成度增加与成本降低，将由低端的应用覆盖到 PC 机架构应用领域，将有更多的嵌入式系统与机器视觉整合，嵌入式视觉系统前景广阔。

3. 模块化、标准化将成为架构特征

机器视觉所集成的大量软硬件部件，是自动化生产过程的核心子系统。为降低开发周期与成本，要求机器视觉相关产品尽可能采用标准化或模块化技术，以便用户根据应用需求实现快速二次开发。但现有机器视觉系统大多是专业系统，软硬件标准化已经成为企业所追求的解决方案。视觉供应商应很快便能逐步提出模块化、标准化的系统集成方案。

4. 人工智能深度应用将成为主流路径

视觉系统能产生海量的图像数据，随着深度学习、智能优化等相关人工智能(artificial intelligence, AI)技术的兴起，以及高性能图像处理芯片的出现，机器视觉融合 AI 成为未来的一大趋势，AI 技术将使机器视觉具有超越现有解决方案的能力，可像人类一样自主感知环境与思考，从大量信息中找到关键特征，快速作出判断，如视觉引导机器人可根据环境自主决策运动路径、拾取姿态等以胜任更具有挑战性的应用。因此，人工智能的深度应用将成为主流路径。

2.5.6　总结

机器视觉系统较为复杂，涉及光学成像、图像处理、分析与识别、执行等多个组成部分。每个组成部分均有大量的方案与方法，它们各有其优缺点和适应范围。因此，如何选择合适的方案来保证系统在准确性、实时性和鲁棒性等方面性能最佳一直是研究者与应用企业努力与关注的方向。

除此之外，机器视觉技术在农业生产中的应用研究范围很广，涉及农业生产的各个环节。在农作物种子的精选和质量检验、作物病虫害的监视、植物生长信息的监测、果蔬的检测、水果分级、粮食的无损检测及农业机械化等方面都起着很重要的作用。机器视觉技术以其自有的优势，对实现农业的高度自动化和智能化有重要推动意义。目前，中国的机器视觉农机装备相比于国外仍有一些差距，精度及自动化水平较低，实际应用也存在可靠性问题，中国的农业智能化发展还有很长的一段路要走。

除此之外，机器视觉技术本身的局限性和农业应用的复杂性也限制了机器视觉装备的大规模推广和使用。随着人工智能技术的爆发与机器视觉的介入，自动化设备将朝着更智能、更快速的方向发展，现阶段的很多问题也会得到解决，同时机器视觉系统将更加可靠、高效地在各个领域中发挥作用。

第3章 农业信息传输

农业信息传输主要指“农业信息采集终端—农业数据(信息)中心—农业信息服务终端”之间的传输技术。

农业信息传输技术主要包括移动通信、无线低速通信、计算机网络和窄带物联网(narrowband internet of things, NB-IoT)技术。其中,移动通信是在移动中实现的通信,其最大的优点是可以在移动的时候进行灵活、方便的通信。

3.1 移动通信网络

移动通信是进行无线通信的现代化技术,这种技术是电子计算机与移动互联网发展的重要成果之一。移动通信技术经过第一代、第二代、第三代、第四代技术的发展,目前,已经迈入了第五代移动通信技术(5G),这也是目前改变世界的几种主要技术之一。

现代移动通信技术主要可以分为低频、中频、高频、甚高频和特高频几个频段。在这几个频段中,技术人员可以利用移动台技术、基站技术、移动交换技术,对移动通信网络内的终端设备进行连接,满足人们的移动通信需求。从模拟制式的移动通信系统、数字蜂窝通信系统、移动多媒体通信系统,到目前的高速移动通信系统,移动通信的速率不断提升,延时与误码现象减少,技术的稳定性与可靠性不断提升,为人们的生产生活提供了多种灵活的通信方式。

3.1.1 移动通信网络的特点

移动通信网络具有以下特点。

(1)移动性。移动通信的移动性是指要保持物体在移动状态中的通信,因此它必须是无线通信或无线通信与有线通信的结合。

(2)电波传播条件复杂。因为移动体可能在各种环境中运动,所以电磁波在传播时会产生反射、折射、绕射、多普勒效应等现象,产生多径干扰、信号传播延迟和展宽等效应。

(3)噪声和干扰严重。移动通信网络易受城市环境中的汽车火花噪声、各种工业噪声,移动用户之间的互调干扰、邻道干扰、同频干扰等影响。

(4)系统和网络结构复杂。移动通信网络是一个多用户通信系统和网络,必须使用户之间互不干扰,能协调一致地工作。此外,移动通信系统还应与市话网、卫星通信网、数据网等互联,整个网络结构十分复杂。

(5)移动通信网络要求频带利用率高、设备性能好。

3.1.2　全球移动通信系统 GSM

全球移动通信系统(global system for mobile communications, GSM)是由欧洲电信标准组织(European Telecommunications Standards Institute, ETSI)制订的一个数字移动通信标准。它的空中接口采用时分多址技术。自 20 世纪 90 年代中期投入商用以来,被全球超过 100 个国家采用。GSM 标准的无处不在使得在移动电话运营商之间签署漫游协定后,用户的国际漫游变得很平常。GSM 较之前标准的最大不同是它的信令和语音信道都是数字式的,因此 GSM 被看作第二代移动通信技术(2G)。

GSM 系统的网络结构如图 3-1 所示。GSM 系统的主要组成部分有移动站、基站子系统和网络子系统。基站子系统(base station subsystem, BSS)由基站收发信机(base station transceiver, BST)和基站控制器(base station controller, BSC)组成。网络子系统由移动交换中心(mobile switching center, MSC)、操作维护中心(operation and machine center, OMC)、归属位置寄存器(home location register, HLR)、漫游位置寄存器(visitor location register, VLR)、鉴权中心(authentication center, AUC)和移动设备识别寄存器(equipment identification register, EIR)等组成。一个 MSC 可管理几十个基站控制器,一个基站控制器最多可控制 256 个 BTS。由移动站 MS、BSS 和网络子系统构成公用陆地移动通信网,该网络由 MSC 与公用电话交换网(public switched telephone network, PSTN)、综合业务数字网(integrated services digital network, ISDN)和公用数据网(public data network, PDN)进行互联。

目前,农业信息远程采集与设备远程监控较常用的技术是 GSM 短消息。基于 GSM 无线通信技术的农业应用系统可以由若干台现场设备、GSM 通信终端、GSM 无线网络和监控端等组成。农业上有许多特殊的无线网络,如 Masayuld Hirafuji 等开发的现场监控服务器(field monitoring server, FMS)就是一种具体针对农业和土地监测设计的无线网络。各种农田信息传感器通过无线网络连接,传感器采集的数据通过分布式 XML 数据库存储。网络中单个传感器节点包括太阳能电池、网络服务器卡、传感器、网络照相机和风扇等,各个节点通过无线网络通信。FMS 网络实现了农田的大面积监测、处理,网络中的每个节点都有自己的 IP 地址,所有节点通过无线网络连接到国际互联网。

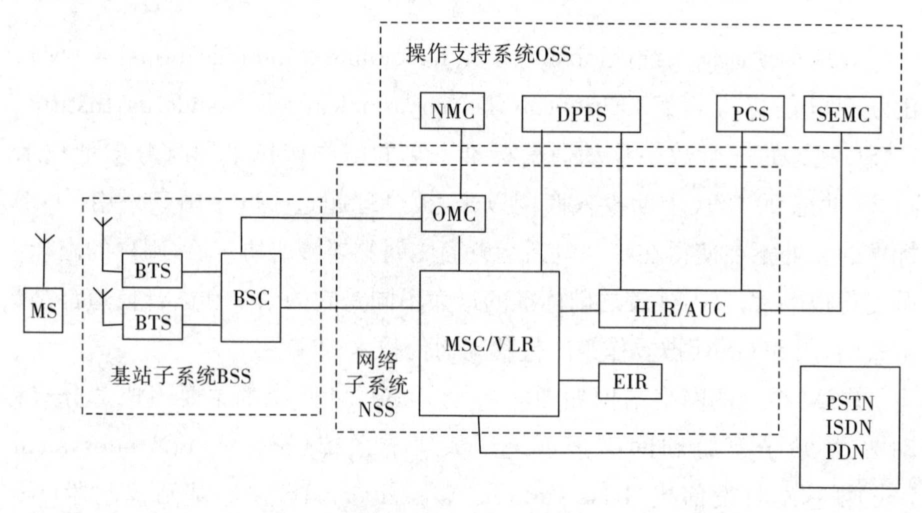

图 3-1 GSM 系统结构

3.1.3 第三代移动通信技术 3G

第三代移动通信技术(3G),是指支持高速数据传输的蜂窝移动通信技术。3G 服务能够同时传送声音及数据信息,3G 是将无线通信与国际互联网等多媒体通信结合的移动通信系统。

3G 采用码分多址技术,现已基本形成三大主流技术,有欧洲和日本共同提出的 WCDMA、以美国高通北美公司主导提出的 CDMA2000 和以中国大唐电信为代表提出的TD-SCDMA。这3种技术都属于宽带CDMA技术，但它们在工作模式、区域切换等方面又有各自不同的特点。

3G技术属于广域网技术，其技术可靠性依赖于移动通信公司的支持。作为其技术关键的无线高速传输，可以很好地支持大量数据的传输，使得农业设施监控中全方位的清晰视频监控成为可能。另外，3G技术普及面广，市场业务量大，不需要专业设备的支持即可以实现远程通信技术，易于被农村群众接受，同时，单点或多点的方式适合个体客户和农场客户的多种需求，性价比高。

在农业方面，天津移动与天津当代智慧信息技术有限公司共同研发的“3G智慧农业物联网远程监测与自动控制系统”于2012年落地天津市农业高新技术示范园区管理中心武清基地。同期，天津农科院3G智慧农业物联网应用示范平台建成，该平台包括3G智慧农业物联网大棚远程监测系统、3G智慧农业物联网温室大棚远程自动控制系统及3G智慧农业物联网应用培训系统。

3G智慧农业系统将互联网从桌面延伸到田野，让温室实时在线，从而实现蔬菜大棚与数据世界的融合。实时采集的传感器数据与传统的种植经验相结合，可以使农业专家随时远程查看农田内的各种数据(温度、湿度、光照、水量)，判断是否是适合作物生长的最佳条件。专家根据自身经验以及对系统关键值的设定进行判别，当某种数据偏离设定值时，大棚会自动作出反应(在温度偏低时打开供暖设施，在温度偏高时开门通风，在水量不足时自动打开喷淋装置等)。该系统可同时监测和控制几十万个蔬菜大棚的运行，从而使农作物始终处在最佳的生长环境中。系统能够大幅度降低人工巡查的工作量，并对不安全状况提前进行预警，通过后台计算机轻松实现无人值守和远程监测。另外，3G智慧农业系统还可以实现对蔬菜病虫害的早期预警和对蔬菜产量、交易价格的早期预测。通过更加精细和动态的监控方式对农作物进行管理，更好地感知农作物的生长环境，通过智能控制提高资源利用率和生产力水平。3G智慧农业是充分发挥农业生产效率、减少农业资源浪费和降低农田污染的现代农业生产方式。

3.1.4 4G移动通信技术

4G移动通信技术是对3G技术的一次更好的改良，其相较于3G移动通信技术的一个更大的优势，是将WLAN技术和3G移动通信技术进行了很好的结合，使图像的传输速度更快，让传输的图像看起来更加清晰。在智能通信设备中应用4G通信技术让用户的网速更快(高达100 Mbps)。

相较于2G和3G，4G通信给了人们真正的沟通自由，并大大改变了人们的生活方式甚至社会形态。4G通信具有以下特征。

(1)通信速率更快。人们研究4G通信的最初目的是提高蜂窝电话和其他移动装置无线访问Internet的速率，4G通信的首要特征是具有更快的无线通信速率。1G仅提供语音服务；2G传输速率为9.6～32 Kbps，如个人手持电话系统；3G传输速率可达2 Mbps；4G通信系统的传输速度为10～100 Mbps。

(2)网络频谱更宽。通信运营商必须在3G通信网络的基础上进行大幅度的改造和研究，才能使4G网络在通信带宽上比3G网络高出许多。每个4G信道占100 MHz的频谱，相当于WCDMA 3G网络的20倍。

(3)通信更加灵活。从严格意义上说，4G手机的功能已不能简单划归于“电话机”的范畴。语音资料的传输只是4G移动电话的功能之一。4G手机相当于一台小型电脑。眼镜、手表等任何一件你能看到的设备都有可能成为4G终端。

(4)兼容性能更平滑。要使4G通信尽快地被人们接受，除了要使它功能强大外，还应该考虑现有通信的基础，4G通信系统具备全球漫游、接口开放、能跟多种网络互联，终端多样化、能从第二代平稳过渡等特点。

(5)实现了更高质量的多媒体通信。4G通信能满足3G无法满足的高速数据和高分辨率多媒体服务的需要，可以将语音、数据、影像等大量信息通过宽频的信道传送出去。

(6)频率使用效率更高。与3G相比，4G移动通信技术在开发研制过程中使用和引入许多功能强大的突破性技术，如交换层级技术。这种技术能同时涵盖不同类型的通信接口，运用以路由技术为主的网络架构。由于利用了几项不同的技术，因此4G无线频率的使用比2G和3G有效得多。

在农业领域，4G 早已投入使用。2014 年，基于联通 4G 移动网络的智慧农业解决方案亮相“中国种业网交会”，该解决方案充分应用现代信息技术成果，集成应用计算机与网络技术、物联网技术、音视频技术、3S 技术、4G 技术及专家智慧与知识，实现农业可视化远程诊断、远程控制、灾变预警等智能管理，用户只需要通过手机客户端就能够进行远程管理。

3.1.5　5G 移动通信技术

5G 移动通信技术是对 4G 移动通信技术的升级和延伸。从传输速率上看，5G 要更快一些、更稳定一些，在资源利用方面也将 4G 的约束全面打破。同时，5G 会将更多的高新技术纳入，使人们的工作、生活更加便利。5G 通信网络的特点有四个方面。

(1)高速率。在速率上，5G 的目标是达到 10 Gbps。在实际应用中，5G 网络的速率在 4G 网络的 10 倍以上，使自动驾驶、VR/AR 等对速率要求高的应用领域的创新迭代成为可能。

(2)高频段。2G、3G、4G 工作在相对较低的频段，其优点是传播性能优越，可以使运营商以较少的成本(少量基站)达到很好的覆盖，但频率资源非常宝贵。5G 工作在高频段(30 GHz)，波长很短(毫米波)，在天线设计时可以做到天线阵子之间的距离很小，可以在很小的范围内集成天线阵列。天线阵子数量的增加可以带来额外的增益，结合波束赋形、波束追踪技术以弥补高频通信在传播上的局限。

(3)海量物联网通信。物联网最近几年一直属于热门话题，但是受限于终端功耗高及无线网络的覆盖范围小，广域物联网仍处于萌芽状态。5G 网络将很好地支持物联网技术的发展。5G 通过降低信令开销使终端更加省电，使用非正交多址技术以支持更多的终端接入，5G 网络中每平方千米可连接的终端数量为 100 万台，远超 4G 的 10 万台，让万物互联成为可能。

(4)低时延。LTE 网络的出现使移动网络的时延迈进了 100 ms 的关口，使对实时性要求比较高的应用，如实时游戏、实时视频、实时数据电话成为可能。5G 网络会使时延降至更低，会为更多对时延要求更高的应用提供发展的基础。5G 通过对帧结构的优化设计，将每个子帧在时域上进行缩短，从而在物理层上进行时延的优化。在 5G 信令的设计上，也采用以降低时延为目标的信令结构优化。

5G是最新一代蜂窝移动通信技术，和4G相比，5G峰值速率提高了30倍，用户体验速率提高了10倍，频谱效率提升了3倍，移动性能可以支持500千米时速的高铁，无线接口延时减少了90%，连接密度提高了10倍，能效和流量密度各提高了100倍，能支持移动互联网和产业互联网的各方面应用。

5G技术目前主要有三大应用场景：一是增强移动宽带，提供大带宽、高速率的移动服务，面向3D/超高清视频、AR/VR、云服务等应用；二是海量机器类通信，主要面向大规模物联网业务、智能家居、智慧城市、智慧农业等应用；三是超高可靠、低延时通信，大大助力工业互联网、车联网中的新应用。

3.2 无线低速网络

物联网需要通过各类可能的网络接入，实现物与物、物与人的泛在连接，实现对物品和过程的智能化感知、识别和管理。我们的网络处于高速发展的时代，有互联网和5G网络，为什么还需要无线低速网络呢？在物联网的应用中，常见的无线低速网络有哪些？它们又有什么特点？下面进行逐一介绍。

3.2.1 低速网络存在的原因

物联网之所以需要低速网络，是因为物联网连接的物体既有智能的也有非智能的。物联网中那些能力较低的节点具有低速率、低通信半径、低计算能力和低能量的特点。能对物联网中各种各样的物体进行操作的前提就是先将它们连接起来，而低速网络协议是实现全面互联互通的前提。典型的无线低速网络协议有蓝牙技术、红外线通信技术和ZigBee技术。

3.2.2 蓝牙技术

蓝牙技术是一种无线数据和语音通信开放的全球规范，它是基于低成本的近距离无线连接，是为固定和移动设备建立通信环境的一种特殊的近距离无线技术连接。蓝牙使当前的一些便携移动设备和计算机设备能够不需要电缆就能连接到互联网，并且可以无线接入互联网。

蓝牙是一种无线技术标准，可实现固定设备、移动设备和楼宇个人域网之间的短距离数据交换（使用2.4～2.485 GHz的ISM波段的UHF无线电波）。蓝牙可连接多个设备，克服了数据同步的难题。

蓝牙技术是世界著名的5家大公司——爱立信（Ericsson）、诺基亚（Nokia）、东芝（Toshiba）、国际商用机器公司（IBM）和英特尔（Intel），于1998年5月联合宣布的一种无线通信新技术。蓝牙设备是蓝牙技术应用的主要载体，常见的蓝牙设备有电脑、手机等。蓝牙产品含有蓝牙模块，支持蓝牙无线连接与软件应用。蓝牙设备连接必须在一定范围内进行配对，这种配对被称为短程临时网络模式，也被称为微微，可以容纳最多不超过8台设备。蓝牙设备连接成功后，主设备只有一台，从设备可以有多台。蓝牙技术具备射频特性，采用了TDMA结构与网络多层次结构，在技术上应用了跳频技术、无线技术等，具有传输效率高、安全性高等优势，所以被各行各业所广泛应用。

1. 蓝牙技术的特点

蓝牙技术具有如下特点。

（1）蓝牙技术的适用设备多，无须电缆，通过无线使电脑和电信联网进行通信。

（2）蓝牙技术的工作频段全球通用，适合全球范围内用户无界限地使用，解决了蜂窝式移动电话的国界障碍。蓝牙技术产品使用方便，利用蓝牙设备可以搜索到另外一个蓝牙技术产品，迅速建立起两个设备之间的联系，在控制软件的作用下，可以自动传输数据。

（3）蓝牙技术的安全性和抗干扰能力强。由于蓝牙技术具有跳频的功能，有效避免了ISM频带遇到干扰源。蓝牙技术的兼容性较好，蓝牙技术已经发展成为独立于操作系统的一项技术，实现了在各种操作系统中良好的兼容性能。

（4）蓝牙技术的传输距离较短。现阶段，蓝牙技术的主要工作范围在10米左右，经过增加射频功率后的蓝牙技术可以在100米的范围进行工作，以保证蓝牙在传播时的工作质量与效率，提高蓝牙的传播速度。另外，在蓝牙技术连接过程中还可以有效地降低该技术与其他电子产品间的干扰，从而保证蓝牙技术可以正常运行。蓝牙技术不仅有较高的传播质量与效率，还具有较高的传播安全性。

(5)蓝牙技术通过跳频扩频技术进行传播。蓝牙技术在实际应用期间,可以对原有的频点进行划分、转化,如果跳频速度较快,那么整个蓝牙系统的主单元都会通过自动跳频的形式进行转换,从而实现随机跳频。由于蓝牙技术本身具有较高的安全性与抗干扰能力,因此在实际应用时可以提升蓝牙运行的质量。

2. 蓝牙系统构成

蓝牙系统主要由三部分构成:底层硬件模块、中间协议层以及高层应用。

(1)底层硬件模块。蓝牙技术系统中的底层硬件模块由基带、跳频和链路管理。其中,基带是完成蓝牙数据和跳频的传输。无线调频层是不需要授权的通过 2.4 GHz ISM 频段的微波,数据流传输和过滤就是在无线调频层实现的,主要定义了蓝牙收发器在此频段正常工作所需满足的条件。链路管理实现了链路建立、连接和拆除的安全控制。

(2)中间协议层。中间协议层主要包括服务发现协议、逻辑链路控制和适应协议、电话通信协议、串口仿真协议四个部分。服务发现协议层的作用是提供给上层应用程序一种机制以便其使用网络中的服务。逻辑链路控制和适应协议负责数据拆装、复用协议和控制服务质量,是其他协议层作用实现的基础。

(3)高层应用。高层应用是位于协议层最上面的框架部分。蓝牙技术的高层应用主要有文件传输、网络、局域网访问。不同种类的高层应用是通过相应的应用程序和一定的应用模式实现的无线通信。

3. 蓝牙技术目前存在的问题

蓝牙技术目前存在的问题主要有以下几个。

(1)蓝牙的功耗问题。蓝牙传输数据的频率不高,在传输数据的过程中耗能较少,但是,为了及时响应连接请求,在等待过程中的轮询访问耗能较大。

(2)蓝牙的连接过程烦琐。蓝牙的连接过程涉及多次信息传递与验证过程,表面上似乎并不能让使用者感受到复杂的连接程序,但是,反复的数据加解密过程和每次连接都需要进行的身份验证过程却是对设备计算资源的极大浪费。

(3)蓝牙的安全性问题。蓝牙的首次配对需要用户通过 PIN 码验证,PIN 码一般仅由数字构成,且位数很少,一般为 4～6 位。PIN 码在生成之后,设备会自动使用蓝牙自带的 E2 或者 E3 加密算法来对 PIN 码进行加密,然后传输进行身份认证。在这个过程中,黑客很有可能通过拦截数据包,伪装成目标蓝牙设备进行连接,或者采用暴力攻击的方式来破解 PIN 码。

此外,蓝牙传输数据过程中使用的加密算法的安全性也有待提高。出现以上问题的原因在于蓝牙技术本身,蓝牙的设计目标是在设备间组成一个无基站式局域网(类似于 WLAN 的 AdHoc 模式)进行多设备间的近距离通信,为了保证私密性和安全性,蓝牙协议要求每次连接前必须进行身份认证。

4. 蓝牙网络

根据蓝牙网络节点功能的不同,可将其节点分为普通节点、低功耗节点、代理节点、中继节点和好友节点。节点具有与其产品类型相关的功能,但也可以具有与网络本身操作相关的功能并在其中扮演特定角色,这取决于其所支持的网络特性。蓝牙网络中所有节点都能够发送并接收消息,此外还可以选择性地支持一个或多个网络特性。当前蓝牙网络的网络特性包括:(1)低功耗特性,具有该类特性的节点功耗相对较低;(2)中继特性,该类特性的网络节点支持消息的转发和中继;(3)代理特性,该类特性的网络节点允许和不支持蓝牙的设备进行通信;(4)好友特性,该类特性的网络节点用于管理低功耗节点。

具有不同网络特性的节点构成不同功能的节点。具有低功耗特性的低功耗节点能够以明显较低的接收端占空比在网络中接收信息,其实现方式是通过与好友节点建立"友谊"关系,好友节点缓存发送给低功耗节点的消息,只有在低功耗节点需要消息时才将消息发送出去;具有中继特性的节点能够将接收到的消息再次转发出去,以构建更大规模的 mesh 网络;具有代理特性的代理节点主要用于实现非蓝牙设备与蓝牙网络间的通信;具有好友特性的好友节点则用于缓存发给低功耗节点的消息。图 3-2 为包含了各类网络节点的网络拓扑图,图中 A、H、T 为普通节点,Q、R、S 为中继节点,O、P 为好友节点,L、M 及 I、J、K 为低功耗节点,N 为具有好友特性但未使用的节点。

对于蓝牙网络,非蓝牙网络成员的设备称为未配置的设备,蓝牙网络中的成员称为节点。一个设备想要成为网络的成员,需要经过一个称为"启动配置”的过程。设备通常由启动配置设备添加到网络中，成为蓝牙网络中的节点，具体流程如图 3-3 所示。

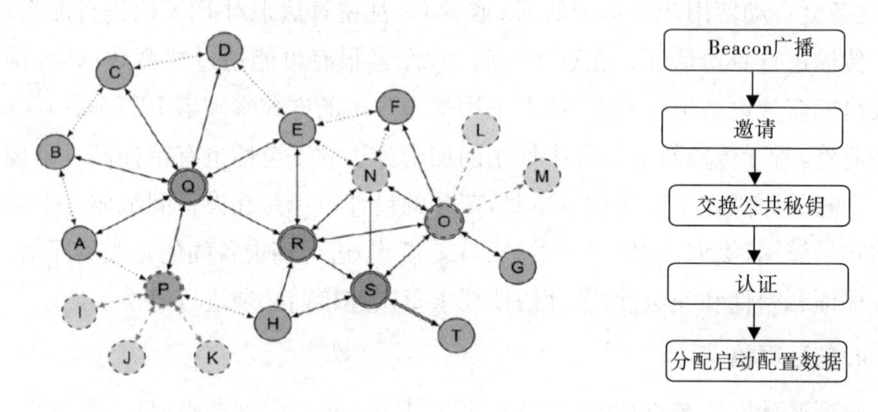

图 3-2　蓝牙网络拓扑　　　　图 3-3　启动配置过程

如果未启动配置的设备想要加入一个蓝牙网络，就需要持续地发送 Beacon 广播，声明自己是未启动的设备。启动配置设备扫描发现未配置设备发出的 Beacon 广播后，以启动配置邀请 PDU 的形式向未配置设备发送一条邀请即进入启动配置过程。双方通过交换公共密钥建立安全通道，以完成后续的启动配置流程。启动设备和未启动设备交换秘密散列后完成认证。认证完成后，会通过两台设备的私有密钥和交换的对等公有密钥生成会话密钥。启动配置流程完成后，会话密钥将分发设备所需的数据，数据中含有该网络的网络层密钥及设备的单播地址。

蓝牙网络使用消息传递的发布/订阅方式将接收消息的设备和发送消息的设备进行分离。发送消息的设备将消息发布到某一特定地址，接收消息的设备则通过订阅该地址来获取消息，这样设定的好处是在向网络中添加设备或从网络中移除设备时，不会对网络的其他部分造成影响。

5. 蓝牙技术发展前景

蓝牙技术的发展前景广阔。虽然现阶段蓝牙技术已经在实际的生活与工作中有了较多的应用，但是人们对于蓝牙技术并没有过多的认识，除了手机蓝牙的传输功能与语音功能的应用外，对于无线打印机、无线会议等蓝牙应用没有足够的认识。因此，在未来的蓝牙技术发展中，应对蓝牙技术进行宣传，将成本低和技术先进的蓝牙技术推广到更广泛的应用平台中。另外，蓝牙技术的应用领域要向广度发展：蓝牙技术的第一阶段是支持手机、掌上电脑和笔记本电脑，接下来的发展方向要向着各行各业扩展，包括汽车、信息家电、航空、消费类电子、军用等。蓝牙技术要与更多的操作系统之间兼容：在计算机系统中，若要进一步提高蓝牙技术的应用，就要将蓝牙兼容技术与计算机操作系统同步发展，除了与 Windows XP 和 PC 平台兼容外，还要跟进技术水平，如在 Win8 系统的计算机应用中建立支持性，提高蓝牙技术在计算机和相关工程中的应用。另外，在兼容性的技术发展中，要不断地对电子产品的发展方向进行研究，在预见性的规划安排中，提高蓝牙技术的应用能力。

蓝牙技术应用的芯片成本较低，并且在向着单芯片的方向发展。目前已经开发出了嵌入电池中的单芯片，蓝牙芯片将越来越小巧，其价格也将越来越低。

蓝牙技术的发展主要得益于通信技术的支持，在未来的经济建设中，各行各业都需要在信息自动化的应用中提高生产力水平，因此，要促进蓝牙应用技术与多种行业建立合作形式。

3.2.3　红外线通信技术

红外线通信技术利用红外线传输数据，比蓝牙技术出现更早，是一种较早的无线通信技术。

它的主要优点有：红外线通信技术采用的是约 875 nm 波长的光波通信，通信距离一般为 1 m 左右；设备体积小、成本低、功耗低、不需要频率申请等优势。其缺点有：设备之间必须互相可见；对障碍物的衍射较差。

1995 年，红外线数据协会（the Infrared Data Association，IrDA）就红外线通信的通信标准达成一致，约有 120 家以上的厂商支持红外线通信标准。

1996 年底，IrDA 1.1 标准颁布，红外数据通信的最大传输率为 4 Mbps。

截至 2006 年，红外线通信技术已经拥有每年 1.5 亿套的设备安装量，并保持每年 40%的高速增长。红外线通信技术主要应用于家电遥控器、汽车防盗、游戏等领域，如图 3-4 所示。由于通信距离、速率和可见性等限制，红外线通信慢慢地被更低频率的蓝牙和 Wi-Fi 所取代。红外线设备在通信过程中的不可移动性使得该技术很难用于鼠标，耳机等外部设备。

2008 年，KDDI 公司在 Wireless Japan 2008 上演示了数据传输距离为 1 Gbps的红外线通信规格“Giga-IR”。此外，红外线通信技术在手机移动支付中的应用潜力也不可小觑。

图 3-4 红外线通信技术相关设备

3.2.4 ZigBee 技术

ZigBee 技术是一种速率比较低的双向无线网络技术，由 IEEE 802.15.4 无线标准开发而来，拥有低复杂度、短距离、低成本和低功耗等优点。它使用2.4 GHz频段，依靠无线网络进行传输，能够近距离地进行无线连接，属于无线网络通信技术。它使用起来比较安全，而且容量很大，被广泛应用到人类的日常通信传输中。

1. ZigBee 技术主要特点

ZigBee 技术具有传统网络通信技术不可比拟的优势，既能够实现近距离操作，又可降低能源的消耗。其主要特点如下。

(1)低功耗。在低耗电待机模式下，2 节 5 号干电池可支持 1 个节点工作 6～24 个月甚至更长时间。这是 ZigBee 的突出优势。相比较而言，同电量下蓝牙仅能工作数周，Wi-Fi 仅能工作数小时。

(2)低成本。通过大幅度简化协议(不到蓝牙的 1/10)，可降低对通信控制器的要求。按预测分析，以 8051 的 8 位微控制器测算，全功能的主节点需要 32 kB 代码，子功能节点需要的代码少至 4 kB，而且 ZigBee 不需要协议专利费，每块芯片的价格大约为 2 美元。

(3)低速率。ZigBee 的工作速率为 20～250 kbps，分别提供 250 kbps(2.4 GHz)、40 kbps(915 MHz)和 20 kbps(868 MHz)的原始数据吞吐率，满足低速率传输数据的应用需求。

(4)短距离。传输范围一般介于 10～100 m，在增加发射功率后，亦可增加到 1～3 km。这指的是相邻节点间的距离，如果通过路由和节点间通信的接力，传输距离则可以更长。

(5)低时延。ZigBee 的响应时延较低，一般从睡眠转入工作状态只需 15 ms，节点连接进入网络只需 30 ms，进一步节省了电能。相比较而言，蓝牙需要 3～10 s，Wi-Fi 需要 3 s。

(6)高容量。ZigBee 可采用星状、片状和网状网络结构，由一个主节点管理若干个子节点，最多一个主节点可管理 254 个子节点，同时主节点还可由上一层网络节点管理，最多可组成 65 000 个节点的大网。

(7)高安全性。ZigBee 提供了三级安全模式，包括安全设定、使用访问控制列表(access control list, ACL) 防止非法获取数据，以及采用高级加密标准(AES 128)的对称密码，以灵活确定其安全属性。

(8)免执照频段。ZigBee 使用工业科学医疗(industria scientific and medical band, ISM)频段、915 MHz(美国)、868 MHz(欧洲)和 2.4 GHz(全球)等免执照频段。

2. ZigBee 技术结构

ZigBee 的网络协议采用分层结构，自下而上分为 4 层：分别是物理层，MAC 层，网络/安全层和应用/支持层。其中应用/支持层与网络/安全层由 ZigBee 联盟定义，而 MAC 层和物理层由 IEEE 802.15.4 协议定义，以下为各层在 ZigBee 结构中的作用。

(1)物理层：作为 ZigBee 协议结构的最底层，提供了最基础的服务，为上一层 MAC 层提供服务，如数据的接口等，同时也起到与现实(物理)世界交互的作用；

(2)MAC 层：负责不同设备之间无线数据链路的建立、维护和结束，确认模式的数据传送和接收；

(3)网络/安全层：保证数据的传输和完整性，同时可对数据进行加密；

(4)应用/支持层：根据设计目的和需求使多个器件之间进行通信。

3. ZigBee 组网特点

ZigBee 协议在满足条件的情况下，协调器会自动组网。ZigBee 组网有两个鲜明的特点。

(1)一个 ZigBee 网络的理论最大节点数是 2 的 16 次方，即 65536 个节点，远远超过蓝牙的 8 个节点数和 Wi-Fi 的 32 个节点数。

(2)网络中的任意节点之间都可进行数据通信。在有模块加入和撤出时,网络具有自动修复功能。这里举一个简单的例子:当一些人各自拥有一个网络模块终端时,只要他们在网络模块通信的范围内自动找到对方,就可以快速形成互联的网络。此外,由于人员的流动,他们之间的网络连接也会发生变化。因此,该模块还可以通过重新搜索通信对象,确定它们之间的联系来重置原始网络,即 ZigBee 的自组网功能。

ZigBee 标准采用分层、跨层设计,由一系列的子层和层间接口构成。每层为其上层提供一组特定的服务:数据实体提供数据传输服务,管理实体提供全部其他服务。每个服务实体通过一个服务接入点(service access point, SAP)为其上层提供服务接口。并且每个 SAP 提供一系列的基本服务指令完成相应的功能。它虽然是基于标准的七层开放式系统互联模型,但仅对那些涉及 ZigBee 的层予以定义。IEEE 802.15.4 标准定义了最下面的两层:物理层和 MAC 层。ZigBee 联盟提供了网络层和应用层(application layer, APL)框架的设计。其中,应用层框架包括应用支持子层(application support sub layer, APS)、ZigBee 设备对象和由终端厂商指定的应用对象。

4. ZigBee 应用

ZigBee 技术的目标市场主要有 PC 外设(鼠标、键盘、游戏操控杆)、消费类电子设备(TV、VCR、CD、VCD、DVD 等设备上的遥控装置)、家庭内智能控制(照明、煤气计量控制及报警等)、玩具(电子宠物)、医护(监视器和传感器)、工控(监视器、传感器和自动控制设备)等领域。

在应用中,ZigBee 网络主要应用于数据感知阶段,数据采集器将采集到的信息通过 ZigBee 网络传输到网关等设备进行处理,如图 3-5 所示。

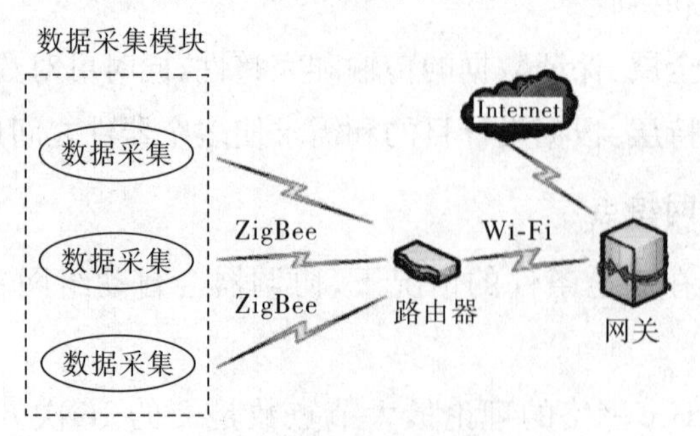

图 3-5　数据采集结构

ZigBee技术的先天性优势使得它在物联网行业逐渐成为一个主流技术，在工业、农业、智能家居等领域得到大规模的应用。例如，在工业领域，它可用于厂房内的设备控制，粉尘和有毒气体采集等数据；在农业领域，它可以实现温度、湿度、pH等数据的采集，并根据数据分析的结果进行灌溉、通风等联动动作；在矿井中，它可以实现环境检测、语音通信和人员位置定位等功能。

通过上述分析可知，在各种无线低速网络中，每项技术都有自己适用的领域和场景，在传输距离和速率上也不尽相同。因此没有一种技术能够完全取代另一种技术。表3-1对上述3类无线低速网络进行了比较。

表3-1　无线低速网络对比

标准	蓝牙技术	红外线技术	ZigBee技术
工作频段	2.4 GHz	850 nm红外光	2.4 GHz(主要)
传输速率(最大)	2 Mbps	4 Mbps	250 Kbps
传输距离	50～100 m	1～10 m	10～100 m
节点数量	最多32767个	2个	最多65535个
关键特点	低功耗、低成本、网络泛洪	低功耗、成本极低	低功耗、低成本

3.3 计算机网络

3.3.1 计算机网络技术对发展现代农业的意义

20世纪50年代，美国就开始将计算机技术应用到农业领域，现已建成世界上最大的农业计算机网络应用系统AGNET。用户可以通过电话、电视或计算机等终端设备，共享网络中的信息资源。该系统大力推广3S技术(地理信息系统GIS、全球定位系统GPS和遥感技术PS)和计算机自动控制系统的综合应用，在农情监测与产量估算等方面居领先地位。欧盟建立了覆盖全欧洲的农作物估产体系，建立了农业环境、生态监测网络，向数字化、集成化与智能化方向发展。

目前，发达国家农业信息技术应用的核心内容主要有6大类：农业生产管理系统、农业信息处理系统、农业智能专家系统、农业决策支持系统、农业技术模拟系统和农业计算机网络等。计算机网络能够实现远程直接存取大型数据库中的信息和共享主机系统软件资源，在作物栽培管理、设施园艺管理、畜禽饲养、水产养殖、植物保护、育种以及经济分析等领域得到普遍应用，并成为农业服务的技术支柱。

从20世纪80年代开始，我国开展了系统工程、数据库与信息管理系统、遥感、专家系统、决策支持系统、地理信息系统等技术应用于农业、资源、环境和灾害方面的研究。目前，我国的农业信息化建设在数据库、信息网络、精细农业以及农业多媒体技术等领域都取得了一定成效。2015年3月5日，国务院总理李克强同志提出制定"互联网＋"行动，主要有以下几个方面：一是推动移动互联网、物联网等与现代企业结合；二是促进电子商务、工业互联网和互联网金融健康发展；三是引导互联网企业以市场为主体发展；四是把以互联网为载体、线上线下互动的新兴消费搞得红红火火。在此基础上，"互联网＋"农业诞生，将互联网技术运用到传统农业生产中，利用互联网固有的优势提升农业生产水平和农产品质量控制能力，并使农业的市场信息渠道、流通渠道更加通畅，使农业的产、供、销体系紧密结合，从而提升农业的生产效率、品质、效益等。未来，农业可能在互联网的影响下走上一条智能化、多样化的发展道路，这将取决于互联网对农业的渗透程度与二者的实际融合程度。

农业信息化很重要的一个方面就是资源共享。通过计算机网络开展科研合作的形式主要有：共享实验数据和结果、及时通报最新的研究进展和成果、网络协同研究等，这样在科研开发的过程中可以不断得到相关的反馈信息，提高科研开发的成功率和科技成果的质量，并在一定程度上缩短完成科研任务的时间。目前，发展依托于计算机网络的农业信息系统已是趋势。现代农业经济就是信息经济，对于农业生产者而言，在市场竞争日趋激烈的今天，在市场中占有一席之地，是农业生产者生存和发展的前提。挖掘农业潜在的生产力，使其转变成现实生产力，是农业生产主要的增长方式之一。互联网成为解决"三农"问题的新法宝，互联网农业成为现代农业的发展方向。

一方面，"互联网＋"促进专业化分工、提高组织化程度、降低交易成本、优化资源配置、提高劳动生产率等，正成为打破小农经济制约我国农业农村现代化枷锁的利器；另一方面，"互联网＋"通过便利化、实时化、感知化、物联化、智能化等手段，为农地确权、农技推广、农村金融、农村管理等提供精确、动态、科学的全方位信息服务，正从单一使用的工具上升为现代农业跨越式发展的复合型引擎。“互联网＋农业”是一种革命性的产业模式创新，对推动传统农业转化为规模化、集约化、市场化和农场化的现代农业将产生深远影响。“互联网＋农业”正在深刻地改变农业生产关系，只有抓住机遇才能适应现代农业发展。

3.3.2　计算机网络组成

计算机网络由接入网、承载网和骨干网组成。

1. 接入网

接入网是从用户终端（如手机、电脑、平板、网络电视等）到运营商城域网的所有通信设备组成的网络。接入网的传输距离一般为几百米到几千米，因此经常被形象地称为“最后一公里”。手机、电脑等终端通过这“最后一公里”的服务即可接入运营商的城域骨干网络，直到接入互联网。

（1）接入网的分类。

接入网有很多种分类方法，目前应用最广泛的分类方法是根据接入方式划分为有线接入网和无线接入网。

①有线接入网。

有线接入网根据使用的线缆不同，主要分为 3 类。

• 铜缆接入：铜缆接入使用 x 数字用户线（x digital subscriber line，xDSL）技术，如使用电话线拨号上网。

• 光纤同轴混合接入：光纤同轴混合接入是一种灵活的混合使用光纤和同轴电缆的技术，如家庭有线电视。

• 光纤接入：光纤接入是使用光纤接入的无源光网络（passive optical network，PON）技术，是目前有线接入网的主流技术，光纤到户（fiber to the home，FTTH）让人们享受到了超高网速。

②无线接入网。

无线接入网根据接入终端的移动性，主要分为 2 类。

• 固定无线接入：固定无线插入服务的是固定位置的用户或小范围移动的用户，主要技术包括蓝牙、Wi-Fi、WiMAX 等。

• 移动无线接入：移动无线接入服务的是大量使用移动终端（如手机）的用户，主要技术是蜂窝移动技术 4G、5G 等。

(2)光纤接入的PON网络技术。

从早期的电话线拨号上网,到光纤入户(FTTH),技术在进步,网络也在提速。光纤到户为用户带来足够大的带宽,满足语音、高清视频、大型游戏等各种网络需求。FTTH的便捷得益于PON网络技术的发展,每家每户的光纤宽带背后连接着的就是PON网络,沿着光纤,溯流追源,PON网络向上通过城域网连接到各种服务提供商的网络(如互联网、IPTV、电话/视频服务等),向下将用户家里的电话、IPTV电视机、电脑等终端连接起来并提供网络服务。

按与用户的距离划分,PON网络主要由3部分组成。

• 光网络单元(optical network unit,ONU):离用户最近,ONU设备一般直接安装部署到用户家里,常见的有单家庭用户单元(single family unit,SFU)和家庭网关单元(home gateway unit,HGU)两种类型。ONU的一端通过光纤连接到分光器,另一端通过有线或无线方式连接家里的终端设备。SFU一般需配合家庭网关使用。HGU功能更为强大,集成了光猫和路由器的功能。

• 光分配网络(optical distribution network,ODN):通过光纤和分光器为ONU和光线路终端(optical line terminal,OLT)提供“传输通道”,分光器可以将一路光信号以一定的比例分成多路。

• 光线路终端:离用户最远,OLT设备是PON的核心设备,一般安装部署在运营商的机房中,用于将用户数据进行汇总并上送到城域网传输。

在实际应用中对网速起决定作用的是PON网络技术,目前有EPON、GPON、10G-EPON和XG(S)-PON等技术。

(3)5G移动接入技术。

在移动通信网络中,无线接入网是离我们最近的一环,连接着用户和业务核心网。随处可见的基站就是无线接入网的标志。我们通过手机拨打电话或上网时,基站会接入手机的信号,信号通过承载网传送到核心网,再由核心网对信号进行处理并传递到通话目的地城市或互联网上的网络应用,如图3-6所示。无线接入网的核心就是基站,传统的基站是由基带单元(baseband unit,BBU)、远端射频模块(remote radio unit,RRU)和天线组成的。其中,BBU主要负责基带信号调制;RRU主要负责射频处理;天线主要负责发射或接收电磁波。虽然从2G时代到4G时代,无线接入网的结构在不断升级,但这3个模块的功能分配基本没有什么变化。

4G时代,无线接入网为用户提供了前所未有的使用体验,如短视频、远程教育等,但随着无人驾驶、物联网、超高清视频等5G业务需求的出现,对无线接入网提出了频谱更高、带宽更大、时延更低的要求。5G时代,无线接入网需要一场从架构到技术的全新变革。

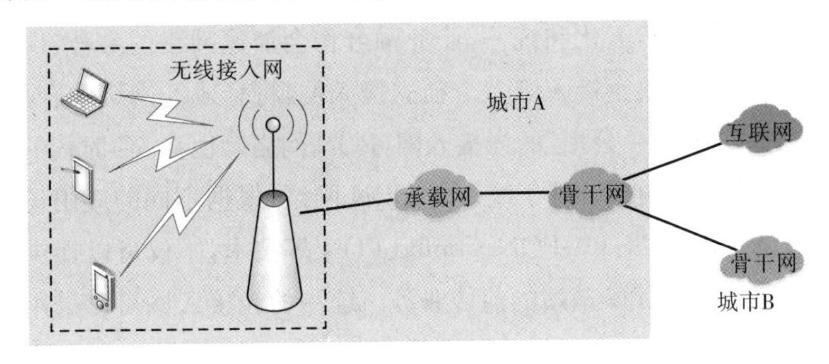

图3-6　网络架构

相比于4G时代,5G无线接入网进行了两大颠覆性的升级。

①基带单元(BBU)的重构。为应对5G网络切片下的多应用场景,BBU功能被重构为中央单元(centralized unit,CU)和分布式接入点(distributed unit,DU)。CU负责处理高层协议和非实时服务,在接入网内部可以控制和协调多个小区;DU负责处理物理层协议和实时服务。同时,RRU和天线的功能合并在有源天线单元(active antenna unit,AAU)中。这样将功能拆分的做法一方面降低了网络传输的负担,另一方面使得网络部署更加灵活。

②朝着虚拟化的方向发展。从2G时代到4G时代,1个BBU可以完成多个天线范围的通信处理,而5G采用更高频段进行通信,覆盖同样大小的区域需要更多基站,单纯靠增加CU和DU数量来解决问题不太实际,所以5G无线接入网借助于虚拟化技术解决这个问题。虚拟化技术实现了在相同的物理服务器上运行多个不同操作系统的能力,对接入网来说,原CU是专用的硬件设备,比较昂贵,虚拟化后在虚拟机上运行具有CU功能的软件即可以实现原CU的功能。

5G无线接入网可以通过虚拟化技术聚合大量底层资源,这些资源将根据业务需求、用户分布等实际情况进行动态实时分配。未来不仅仅是无线接入网朝着虚拟化的方向演进，整个5G移动网都将出现多个虚拟网络，实现资源的共享与隔离，让端到端的网络切片走进现实，为运营商提供更低成本的解决方案。

综上所述，不论是有线接入网还是无线接入网，都在随着用户更大带宽的需求而不断向前发展。实际上，网络未来也会基于业务为用户提供服务，而不是基于接入方式，用户将不关心是无线接入还是有线接入，作为提供业务的核心网也将逐步云化和统一，业务融合将会加速网络的融合，现有的固定接入、移动承载、政企接入等多个独立接入网，将会成为网络融合的重点。作为用户接入"最后一公里"的光接入网(PON网络)，也在5G时代的固移融合中扮演着重要的角色。基于统一的ODN网络，根据不同的应用场景灵活选择应用WDM-PON、10GPON、Combo PON等技术，不仅可以提供固定宽带接入，也可以实现5G基站的前传业务。统一的光接入网可以采用统一建设和统一管理，大大节省了网络的投资费用，提高了网络的利用率。5G时代，基于无处不在的ODN光纤资源，并结合不断演进发展的PON技术和SDN&NFV技术，实现有线、无线业务的综合接入，资源共享的同时还能简化业务部署和运维，会为用户带来更好的网络服务。

2. 承载网

承载网是负责承载数据、汇聚数据的网络，其主要任务是传输数据。以前基本是使用电缆，后来，因为数据上网业务的激增，流量变得很大，于是开始使用网线、光纤光缆进行传输。承载网将数据从接入网发送到核心网，起承上启下的作用。

承载网技术的发展经历了同轴调制技术、微波、PDH、SDH、MSTP、DWDM(LH/Metro/OADM/)、ASON等阶段。组网形式从点到点和环网向网状网方式演变，并进一步向智能化动态光联网方向发展。承载网的业务初期以话音业务为主，后逐步发展成为传统话音网、宽带接入网、专线接入、软交换、3G等业务网的综合承载平台。

IP技术是随互联网的出现和发展而产生与发展的，而互联网一度被认为是非电信级网络，不具备QoS功能。但最近两年随着NGN技术的快速发展，基于分组的技术理念也推动IP网络技术不断发展，如基于IP网络的快速转发技术 MPLS,基于 IP 网络的业务组网技术 MPLSVPN,基于 IP 网络的 QoS 技术 IntServ/Diffserv,基于 IP 网络的流量工程和保护技术 MPLSTE/MPLSFRR,基于 IP 网络的 OAM 技术等。IP 网络技术自身的发展正在逐步适应其角色转换,IP 网络正逐步演化成传统电信运营商的基础网络平台,随着 NGN、3G、IPTV、FMC、IMS 等新技术和新业务的兴起,通过 IP 网络来承载多业务已成为网络发展的趋势。

IP 化是未来电信网络发展的必然趋势。传输技术和 IP 承载技术的分工和融合是网络层面融合的主旋律,IP 网络必将成为未来语音、视频、数据,以及各种综合多媒体业务统一承载的网络平台。基于 IP 技术发展而来的 IP 承载网,在承载以宽带接入为代表的大带宽、Best Effort 业务时有先天优势,但是其 QoS、安全性等问题依然根深蒂固。而传输网具有保护可靠、高稳定性、高安全性和高 QoS 能力,是 IP 承载网难以替代的,是保障实时业务和大客户业务的重要手段。因此,TDM 和 IP 业务在相当长的一段时间内会保持并存的状况。电信网络的全 IP 化是一个长期的演进过程。在这个过程中,承载网在具体技术的选择和部署时,应根据承载层位置的不同,选择更为合适的技术,实现更高的效率。

(1)同步数字系列(synchronous digital hierarchy,SDH)。

在数字通信系统中,传送的信号都是数字化的脉冲序列。这些数字信号流在数字交换设备之间传输时,其速率必须完全保持一致,才能保证信息传送准确无误,这就是"同步"。同步数字系列是一个将复接、线路传输及交换功能融为一体,并由统一网管系统操作的综合信息传送网络,可实现诸如网络的有效管理、开通业务时的性能监视、动态网络维护不同供应厂商设备之间的互通等多项功能。

在数字传输系统中,早期采用的数字传输系列是准同步数字系列(plesiochronous digital hierarchy,PDH)。随着数字通信的迅速发展,点到点的直接传输越来越少,而大部分数字传输都要经过转接,因此,PDH 便不适合现代电信业务开发和现代化电信网管理的需要,SDH 应运而生。

SDH 网是由 SDH 网元设备通过光缆互联而成的,网络节点(网元)和传输线路的几何排列构成了网络的拓扑结构。网络的有效性(信道的利用率)、可靠性和经济性在很大程度上与其拓扑结构有关。

①常见的网络拓扑结构。

常见的网络拓扑结构有链形、星形、树形、环形和网孔形，如图 3-7 所示。

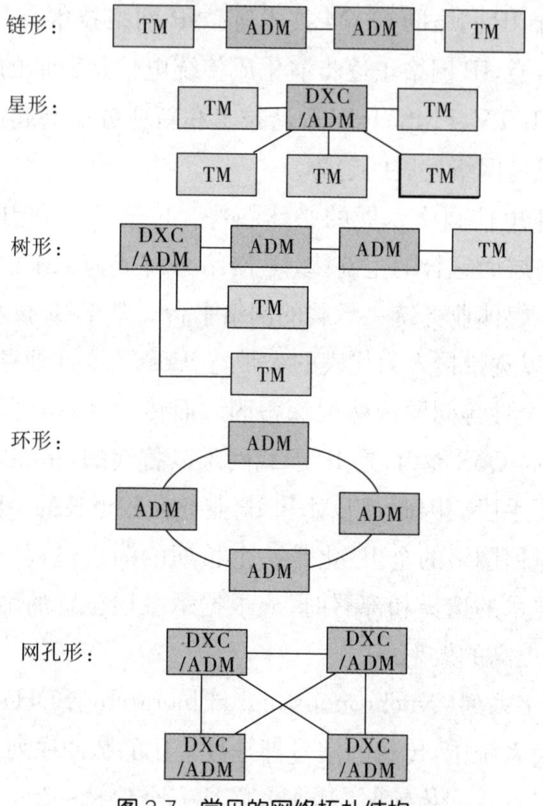

图 3-7　常见的网络拓扑结构

A. 链形网：此种网络拓扑结构是将网中的所有节点一一串联，而首尾两端开放。这种拓扑结构的特点是较经济，在 SDH 网的早期用得较多，主要用于专网(如铁路网)中。

B. 星形网：此种网络拓扑结构是将网中一网元作为特殊节点与其他各网元节点相连，其他各网元节点互不相连，网元节点的业务都要经过这个特殊节点转接。这种网络拓扑的特点是可通过特殊节点来统一管理其他网络节点，利于分配带宽，节约成本，但存在特殊节点的安全保障和处理能力的潜在瓶颈问题。特殊节点的作用类似于交换网的汇接局，此种拓扑结构多用于本地网(接入网和用户网)。

C. 树形网：此种网络拓扑结构可看成链形拓扑和星形拓扑的结合，也存在特殊节点的安全保障和处理能力的潜在瓶颈。

D. 环形网：环形拓扑结构实际上是指将链形拓扑结构首尾相连，从而使网上任何一个网元节点都不对外开放的网络拓扑结构。由于它具有很强的生存性，自愈功能较强，因此其成为当前使用最多的网络拓扑结构。环形网常用于本地网（接入网和用户网）、局间中继网。

E. 网孔形网：将所有网元节点两两相连，就形成了网孔形网络拓扑结构。这种网络拓扑结构为两网元节点间提供多个传输路由，使网络的可靠性更强，不存在瓶颈问题和失效问题。但是该结构的冗余度高，使得系统有效性降低，成本高且结构复杂。网孔形网主要用于长途网中，以提供网络的高可靠性。

当前用得最多的网络拓扑结构是链形网和环形网。它们的灵活组合可构成更加复杂的网络。

②我国 SDH 网络结构的四个层面。

我国 SDH 网络结构分为四个层面，如图 3-8 所示。

A. 一级干线网：位于最高层面，主要省会城市及业务量较大的汇接节点城市装有 DXC 4/4，其间由高速光纤链路 STM-4/STM-16 组成，形成了一个大容量、高可靠的网孔形国家骨干网结构，并辅以少量线形网。由于 DXC4/4 也具有 PDH 体系的 140 Mbit/s 接口，因此原有的 PDH 的 140 Mbit/s 和 565 Mbit/s系统也能纳入由 DXC4/4 统一管理的长途一级干线网中。

B. 二级干线网：位于第二层面，主要汇接节点装有 DXC4/4 或 DXC4/1，其间由 STM-1 或 STM-4 组成，形成省内网状或环形骨干网结构并辅以少量线性网结构。由于 DXC4/1 有 2 Mbit/s、34 Mbit/s 或 140 Mbit/s 接口，因此原有 PDH 系统也能纳入统一管理的二级干线网，并具有灵活调度电路的能力。

C. 中继网：位于第三层面，为长途端局与市局之间以及市局之间的部分，可以按区域划分为若干个环，由 ADM 组成速率为 STM-1 或 STM-4 的自愈环，也可以是路由备用方式的两节点环。这些环具有很高的生存性，又具有业务量疏导功能。环形网中主要采用复用段倒换环方式，但究竟是四纤还是二纤，取决于业务量和经济的比较。环间由 DXC4/1 沟通，完成业务量疏导和其他管理功能。同时也可以作为长途网与中继网之间，以及中继网和用户网之间的网关或接口，最后还可以作为 PDH 与 SDH 之间的网关。

D. 用户网：位于最低层面。由于处于网络的边界处，业务容量要求低，且大部分业务量汇集于一个节点(端局)上,因此,通道倒换环和星形网都十分适合该应用环境,所需设备除 ADM 外还有光用户环路载波系统。速率为 STM-1 或 STM-4,接口可以为 STM-1 光/电接口、PDH 体系的 2 Mbit/s、34 Mbit/s或 140 Mbit/s 接口、普通电话用户接口、小交换机接口、2B+D 或 30B+D 接口,以及城域网接口等。

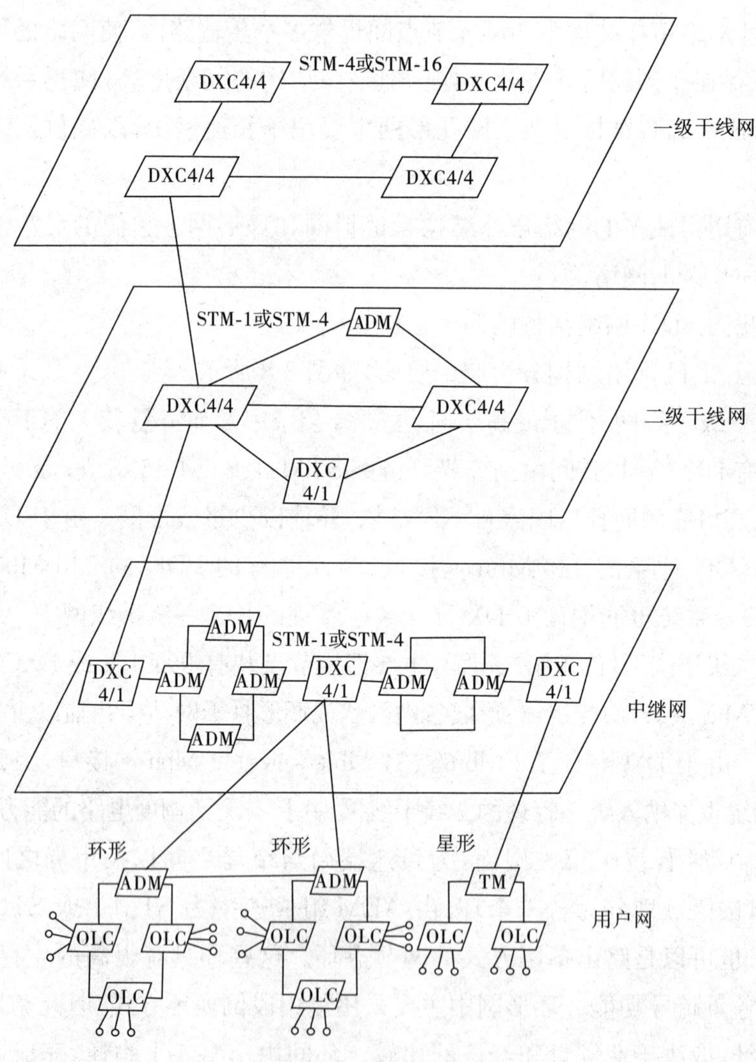

图 3-8 SDH 网络结构

用户网是 SDH 网中最庞大、最复杂的部分,它占整个通信网投资的 50%以上,用户网的光纤化是一个逐步的过程。光纤到路边(fiber to the curb，FTTC）、光纤到大楼（fiber to the building，FTTB）、光纤到家庭（fiber to the home，FTTH）就是这个过程的不同阶段。

(2)基于 SDH 的多业务传送平台（multi-service transport platform，MSTP）。

MSTP：基于 SDH 的多业务传送平台，是指基于 SDH 平台，同时实现 TDM、ATM、以太网等业务的接入、处理和传送，提供统一网管的多业务平台。

①基于 SDH 的多业务传送平台的特有功能。

基于 SDH 的多业务传送平台除应具有标准 SDH 传送平台所具有的功能外，还需要具有以下主要功能特征。

A. 具有 TDM 业务、ATM 业务和以太网业务的接入功能；

B. 具有 TDM 业务、ATM 业务和以太网业务的传送功能；

C. 具有 TDM 业务、ATM 业务和以太网业务的点到点传送功能，保证业务的透明传送；

D. 具有 ATM 业务和以太网业务的带宽统计复用功能；

E. 具有 ATM 业务和以太网业务映射到 SDH 虚容器的指配功能。

②MSTP 的功能框架。

MSTP 的功能框架如图 3-9 所示。

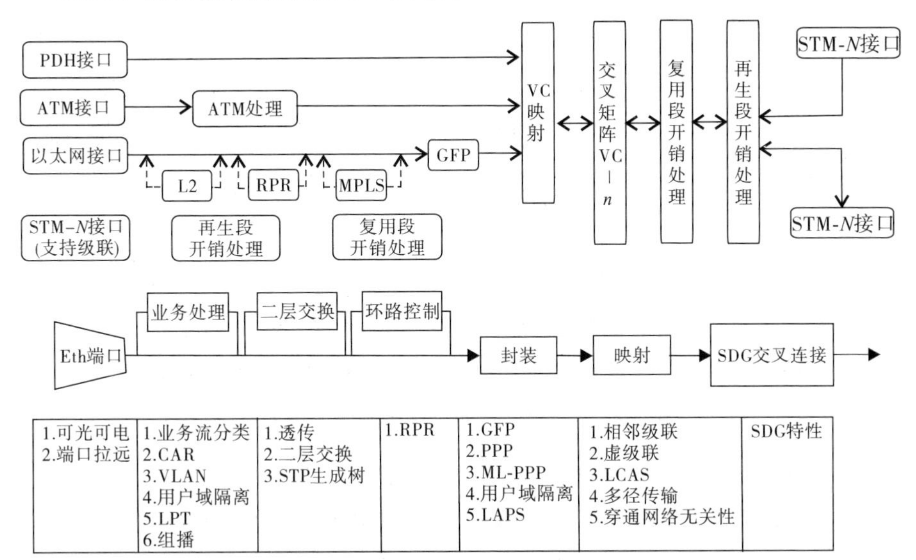

图 3-9 MSTP 功能框架图

③MSTP 承载以太网的核心技术。

MSTP 承载以太网的核心技术如下。

A. 封装协议—通用成帧协议(generic framing procedure,GFP):它提供了一种把不同上层协议里的可变长度负载映射到同步物理传输网络的方法。其优点有:效率高;适用于点到点、环形、全网状拓扑;无需特定的帧标识符,安全性高;可以在 GFP 帧里标示数据流的等级,可用于拥塞处理。

B. 映射处理—虚级联(virtual concatenation,VC):提供大小合适、颗粒精确的管道。

C. 级联技术:把多个小的虚容器,如 VC-12(2M),级联起来组装成虚容器组,以克服 SDH 速率等级太少的缺点。级联技术的级联方式有连续级联和虚级联。其中,连续级联实现简单,传输效率高;端到端只有一条路径,业务无时延;但其要求整个传输网络都支持相邻级联,原有的网络设备可能不支持,业务不能穿通。而虚级联应用灵活、效率高,只要求收、发两端设备支持即可,与中间的传送网络无关;可实现多径传输;但其同路径传送的业务有一定时延。

D. 链路容量调整机制(link capacity adjustment scheme,LCAS)技术:LCAS 是在虚级联的基础上,动态调整带宽的一种方法,它使虚级联能灵活、动态地适应需求。

LCAS 原理:LCAS 协议使用 H4/K4 字节,携带控制信息,在源端和宿端之间进行握手操作。通过源端和宿端的握手协议完成带宽的增加、删除,以及失效成员的屏蔽、恢复等操作。

LCAS 功能:按需调整带宽,在链路没有问题的情况下,可以动态地增加或减少 VC-trunk 内的成员而不影响业务。当一部分成员失效时,其他成员仍正常传输数据;当失效成员被修复时,仍能自动恢复虚级联组的带宽,速度快。按需动态分配以太网业务带宽将是未来 ION 的主要应用之一。

将 GFP、虚级联和 LCAS 结合起来,可以使 MSTP 网络很好地适应数据业务的特点,具有带宽的灵活性,提高带宽利用效率。

通过 VC、GFP 和 LCAS 的结合,城域传输网将支持全面的数据业务,特别是提供带宽连续可调、具有 QoS 保证的 2 层高质量的以太网专线业务。

3. 骨干网

骨干网是计算机网络最核心的部分，主要负责数据的处理和路由。可以把它理解成一个“超级路由器”，最终实现用户和互联网的通道建立，实现网络的宽带化。骨干网不仅要提供用户的宽带接入，而且要提供高速无阻塞的核心平台，因此，骨干网必须实现高速传输技术、高速交换技术和高速路由技术，并提供必要的 QoS 保证。

(1)高速传输技术。

高速传输技术主要有千兆以太网技术、POS 技术、异步转移模式技术和IEEE 802.17 工作组技术。

①千兆以太网(gigabit ethernet，GE)技术。以太网技术的最初目的是连接办公室内的计算机设备，其协议主要支持网络的连通性，现在的 GE 技术也只是早期以太网技术在速率上的不断提高。GE 技术的优点是与以太网相关技术兼容，全网可以有统一的帧格式，吉比特以太网帧报头包含的网络状态信息虽不多，但由于没有使用造价昂贵的再生设备，因而成本相对较低，在对带宽需求比较高的情况下，可以将若干路捆绑起来形成 100 Mbit/s、1 Gbit/s、10 Gbit/s 以太网通道。GE 技术存在的主要问题是异步工作，对抖动和定时比较敏感，而且链路层缺乏误码监视和故障定位能力，对于大规模网络的保护恢复时间过长。当 GE 运行在裸光纤上时，典型的保护方式是采用诸如吉比特以太网通道一类的技术，切换的时间约为几秒，此时不仅大量丢包，而且网络表现为部分业务中断，这对实时业务的影响较大。如果借用三层路由的保护，则收敛时间更长。需要说明的是，标准 GE 端口的最长传输距离仅为 5 km(IEEE 802.3z 标准)，市场上所有的超长距离 GE 产品均为厂商定义，所以在互联性方面可能存在许多潜在的问题。总之，GE 技术用于城域网骨干网将会带来一些网络设计方面的限制，所以其主要应用于城市汇聚层以下的各个层次。

②基于 SDH 的分组传输(packet over SDH，POS)技术。POS 用 SDH 网络作为 IP 数据网络的物理传输网络，它首先使用链路及 PPP 协议对 IP 数据包进行封装，把 IP 分组根据 RFC 1662 规范简单地插入 PPP 帧中的信息段，然后再由 SDH 通道层的业务适配器把封装后的 IP 数据包映射到 SDH 的同步净荷中，再向下经过 SDH 传输等层，加上相应的开销，把净荷装入一

个 SDH 帧，最后到达光层，在光纤中传输。POS 技术因基于电信的重要技术之一——SDH 技术而具备较多优异的特性：快速保护、强力纠错、长距传输等等。其中，最重要的是 POS 具备 SDH 的自愈功能。由于 POS 符合 SDH 技术体制，因此在端口速率的扩展能力方面也会更好。目前 10 Gbit/s 的 POS 端口已经大量上市，而 40 Gbit/s 的 POS 端口也会很快出现。POS 采用 SDH 的 K1、K2 字节，在物理层就进行保护，所以可以做得更好，最大切换时间仅为 50 ms。由于一般高端路由器可以在端口上缓存 200 ms 的数据，所以基本上不会丢包。当然，POS 技术也有一些不足，如采用 SDH 帧格式的转发器和再生器造价昂贵；仅对 IP 业务提供好的支持，不适于多业务平台；不能像 IP over ATM 技术那样提供较好的服务质量保障。但在目前，POS 技术是业界公认的适合建设宽带 IP 高速骨干网的技术之一。

③异步转移模式(asynchronous transfer mode，ATM)技术。ATM 技术采用信元传输和交换技术，减少处理时延，保障服务质量，其端口可以支持 E1(2 Mbit/s)、STM-1(155 Mbit/s)、STM-4(622 Mbit/s)、STM-16(2.5 Gbit/s)、STM-64(10 Gbit/s)的传输速率。ATM 技术存在的问题在于，协议过于复杂、较多的信元头开销，以及由此带来的相对较高的建网成本。由于最终用户的绝大部分应用是直接基于 IP 的，因此，ATM 技术在网络的边缘地带成为业务汇集的主要方式之一。现在越来越多的大规模 IP 网络的建设正在绕过 ATM 这个层次。

④IEEE 802.17工作组技术。IEEE 802.17工作组技术是指IEEE 802.17工作组提出的弹性分组数据传输(resilient packet transport，RPT)和动态 IP 光纤传输(dynamic packet transport，DPT)技术。IEEE 802.17工作组于 2000 年 11 月成立，目的是推进弹性数据分组环访问协议的标准化工作，Cisco、Nortel 和 Luminous Networks 等厂商是该标准的主要提供者和领导者。IEEE 802.17定义了一种全新的传输方法，提供了带宽使用的高效率、服务类别的丰富性以及网络的高级自愈功能，在现有的一些解决方案基础上，为网络营运商提供了性能价格比较好和功能较丰富的更先进的解决方案。目前，Cisco 采用 DPT 技术，Nortel 和 Luminous 采用 RPT 技术。以 DPT 技术为例，它是 Cisco 提出的一种技术，吸取了 POS 技术的优点，并克服了 POS 成本较高的缺点。它关键在于提供了一种对带宽的空间复用协议(spatial reuse protocol,SRP)机制,使多点可以共享一个光纤环,带宽可以进行动态分配。一个SRP环上的每个设备永远只需要一对SRP端口(而点对点网状网中,每个节点需要$N-1$个端口),从而使网络扩容时不再需要增加端口,大大降低了网络成本。

综上所述,对于高性能、大宽带的IP业务,IP over SDH技术去掉了ATM设备,投资少。将IP数据通过点到点协议,直接映射到SDH的虚容器中,简化了体系结构,提高了传送效率,降低了成本,便于网间互联。而IP over ATM技术(主要有重叠模型和集成模型两种模式)则充分利用已经存在的ATM网络,发挥ATM支持多业务、提供QoS保证的技术优势,适合提供高性能的综合通信服务。因为它能够避免不必要的重复投资,提供语音、视频、数据多项业务,从而也是传统电信服务商的一种选择。其最大的缺点是结构复杂,开销损失大(为25%～30%)。值得一提的是,IP over WDM技术能够极大地拓展现有的网络带宽,最大限度地提高线路利用率,将逐渐成为未来宽带IP网络通信的首选解决方案。

(2)高速交换技术。

高速交换技术主要有第三层交换技术、多协议标记交换技术和第四层交换技术。

①第三层交换技术。

传统的路由器由于查找路由表比较费时间,因此包转发效率很低。为了解决这个问题,以局域网交换机为基础增加IP包转发功能的第三层交换技术出现了。第三层交换技术用以提高包转发率的关键技术是路由缓存技术。其原理是,当一个IP包经过查找原始路由表并第一次转发成功之后,就在缓存中存放一条相应的记录。这样,后续同样目的地址的IP包到达之后,该设备就会在缓存中查到如何转发该IP包,而不需去查找原始的路由表。由于缓存路由表比原始路由表小得多且缓存的访问速度一般比较快,因此可以提高效率。第三层交换技术的缓存工作机制存在命中率的问题,一般用于企业网,而在宽带IP城域网中,它主要用于住宅型用户尤其是以太网接入用户的端口和流量的会聚。

②多协议标记交换(multi-protocol label switching, MPLS)技术。

多协议标记交换技术吸收了Ipsilon公司的IP交换、Cisco公司的Tag交换等技术特点,将ATM的优点引入IP网。MPLS采用标记交换的机制,把选路和转发分开,由标记来规定一个分组通过网络的路径。MPLS网络由核心部分的标签交换路由器(label switching router, LSR)、边缘部分的标签边缘路由器(label edge router, LER)组成。MPLS技术具有实现流量控制、QoS保证和MPLS-VPN等功能。MPLS流量管理机制的功能有两个:从网络运营商的角度看,要保证网络资源得到合理利用;从用户的角度来看,要保证用户申请的服务质量得到满足。MPLS的流量管理机制主要包括路径选择、负载均衡、路径备份、故障恢复、路径优先级等。此外,MPLS的QoS实现是由LER和LSR共同完成的,在LER上进行IP包的分类,在LER和LSR上同时进行带宽管理和业务量控制,从而保证每种业务的服务质量得到满足。由于带宽管理的引入,MPLS改变了传统IP网只是一个“尽力而为”的状况。利用MPLS技术还可实现电信运营级的VPN,利用MPLS构造的VPN,提供了实现增值业务的可能;通过配置,可将单一接入点形成多种VPN,每种VPN代表不同的业务,使网络能以灵活方式传送不同类型的业务。MPLS成为实施流量工程的主要方法,将为自愈恢复和网络管理提供有力的支持。IP网在管理上采用OSPF协议的结果是都选择最短路径,这可能会在一些热门节点上出现拥塞。对于如何监视流量,防止和化解拥塞,早期的因特网骨干网用人工修改SDH通道的路由,通过改变路由矩阵来控制流量。在ATM用于因特网骨干网上时,用虚电路来连接路由器。虚电路上的流量是可以监视的,改变虚电路也很方便,使得控制流量能力大大提高。MPLS可以在ATM交换机中根据标记,为一个IP实时业务数据流建立虚电路,保证QoS。当吉比特路由交换机取代ATM用于因特网骨干网时,控制流量的流量工程被再次提出来。其解决办法是采用MPLS在IP网上为某一路由路径建立标记交换路径,借助于标记号将这一路径变为显式的,从而监视其流量,同时也可以方便地改变路由,重新设置路径。

③第四层交换技术。

第四层交换技术通过利用第三层和第四层包头中的信息,识别数据流,作出向何处转发会话传输流的智能决定。路由器和交换机在转发不同数据包时,并不了解哪个包在前,哪个包在后。第四层交换技术从头至尾跟踪和维持各个会话,它是真正的“会话交换机”,可根据不同的规则,将用户的请求转发到“最佳”服务器上。因此,第四层交换技术是目前用于传输数据和实现多台服务器间负载均衡的理想机制。

(3)高速路由技术。

路由器作为广域网尤其是IP网络中必不可少的网络组件,其性能直接影响数据通信网络的性能。高性能路由器将第二层的交换功能和第三层的智能路由功能融为一体,提供吉比特以上的端口速率、服务质量和多点广播能力,不断满足多媒体通信网络的需要。

高速路由器一般称作交换式路由器,以体现其高速IP包转发的性质。大多高速IP路由器的硬件体系结构采用交叉方式,以实现各端口之间的线速无阻塞互联。交换式路由器采用树形目录查找来优化路由表结构,所以大大减少了路由表查找需要的步数;再以硬件技术辅助,大大提高了路由器转发IP包的效率。同时,由于每条路由表在目录树中都有对应,不存在命中率的问题,因此对大型复杂网络更有效。交换式路由器的最大问题是成本比较高,原因在于用于目录查找的算法实现成本较高,而且需要更多的内存用于存放计算结果(目录树)。值得一提的是虚拟路由器技术,它使用户可以对网络的性能、因特网地址和路由,以及网络安全等独立进行控制。该技术在一个物理路由器上可以形成多个逻辑上的虚拟路由器,每个虚拟路由器都单独地运行各自的路由协议实例,并且都有自己专用的I/O端口、缓存、地址空间、路由表和网络管理软件。虚拟骨干路由器可以为客户提供成本低廉的专用骨干网控制和安全管理功能。每个虚拟路由器的进程与其他路由器的进程都是相互分开的,其使用的内存也受到操作系统的保护,从而保证了数据的高度安全性。

因特网是一个全球性网络,骨干网虽然竭尽全力试图将流量留在网内,但仍然难以避免其“二传”的命运。如何合理疏导流量使每种业务都获得最佳路由并获得相应的服务质量保证是骨干网路由技术的一个关键环节。

动态路由是IP网络技术的一个核心技术,是IP网络生存到今天的一个重要保障。动态路由技术为IP网络提供了非常好的自愈能力，其中，边界网关协议(border gateway protocol, BGP)更为运营商提供了良好的调整网络流量流向的能力。另外，策略路由、流量工程、MPLS VPN都具有疏导流量的能力，并且每种技术都有其自身的特点和应用环境。

如何保证路由和网络的稳定性是路由技术的另一个重要课题。Graceful Restart技术可以将路由器重启所带来的影响降到最低，Fast OSPF/ISIS技术可以加速IGP的收敛。

(4)服务质量(quality of service, QoS)保证技术。

QoS保证技术是解决网络延迟和阻塞等问题的一种技术。

首先，不同业务需要不同的带宽支持。单一的按带宽购买网络服务的模式显然不能满足用户的需要，特别是对于大带宽需求的业务，如IPTV、视频会议。这些业务对于用户而言，带宽需求高，但使用频次却不高，如果长期购买大带宽，费用上难以承受。因此，按用户需求动态调整用户接入带宽，按使用时长收取带宽费用，将成为一种必然的收费模式。这种收费模式实现起来并不简单，用户带宽的调整需要很高的用户自服务能力，才可以在用户需要时随时调整自己的接入带宽，避免冗长的服务申请流程消磨用户使用服务的热情。另外，如果网络接入带宽控制点和网络服务确认控制点是分离的，那么两者之间的信息传递控制也需要标准化支持。例如，如果我们为IPTV用户提供特定接入带宽，则需要在用户申请IPTV业务的请求获得确认后，才可以为该用户开启高带宽接入；如果将IPTV的业务控制点与网络接入控制点合二为一，就会大大增加网络接入控制设备的复杂度，而且需要这个设备随着IPTV业务的发展不断调整其业务管理的方式和能力，这显然不符合IPTV业务的发展需求。如果分离，则需要制定业务控制点和网络接入控制点之间的信令接口。COPS协议是国际标准化组织准备采用的一个标准。

其次，同样的接入带宽也需要不同等级的服务质量保证。逻辑复用技术使接入带宽和实际使用带宽成为两个概念，而互联网发散型、突发式的流量模型又使实际使用带宽无从定义。因此，资源竞争时的优先级成了服务品质保证的唯一标识，也成了运营商提供差异化服务、降低网络成本、提高网络利润率的手段。QoS主要包括可用性、吞吐量、时延、时延抖动和漂移及位/包丢失等方面内容。QoS需要端到端的管理,任何一点的疏忽都会导致用户实际感受的劣化。但骨干网网络性能的少许提高就意味着巨大的网络投资,因此在骨干网中,以带宽换取服务质量难以实施,那么区分服务、为特定业务和用户提供服务质量保证就显得尤为重要。

目前的LAN switch、DSLAM、核心路由器都具备了按加权公平排队(weighted fair queuing, WFQ)、加权随机先机检测(weight random early detection, WRED)等能力,因此实现业务和用户的优先级标识,在各个层面实施WFQ、WRED等优先控制策略,可以完成骨干网的服务质量控制。然而,无论是对网络设备的要求还是对运行维护人员来说,业务标识都不是一件简单的工作。良好的规划、严格的业务操作规程以及优良的网络接入设备是实施端到端服务质量控制必不可少的3个重要环节。

虚拟专用网(virtual private network, VPN)技术也与QoS密切相关。在QoS得到保证的前提下,企业可通过VPN技术,利用公共网构建虚拟的企业网络平台。VPN技术主要包括安全隧道、信息加密、用户认证、访问控制和VPN管理等技术。建立在宽带网基础上的VPN服务是未来宽带骨干网最基本的网络服务。当然,作为整个网络的解决方案,还应该解决好网络地址的规划、全网路由、域名解析、网络安全、网络管理、业务管理等问题。

3.3.3 计算机网络技术在农业信息化中的应用

计算机网络技术可以实现农业生产系统信息的传输、分析和存储,建立农业信息数据库。它通过分析和总结农业信息数据库的信息,预测和判断农业系统中每个因素的机制,选择有利于农业系统发展的因素进行定量判断,实践验证信息的可行性和正确性。通过计算机网络技术应用,促进农业信息化快速发展。

计算机网络技术在农业系统中的应用主要体现在4个方面:实现虚拟农业,提升农业精准化,实现农业预测和模型建立,实现农业系统管理。

(1)实现虚拟农业。

虚拟农业主要使用计算机模拟技术来模拟作物生产要素,可以进行动态分析和农业系统的模拟分析。虚拟农业实现不需要自然生物的参与,只需要通过虚拟作物数据收集,就可以实现作物生产研究。该过程节省了大量的人力、物力,使用了先进的计算机网络技术,保证了结果的可靠性和准确性,对于农产品尤其是新型农作物的研究具有现实意义和应用价值。

(2)提升农业精准化。

精准农业是农业信息、机械生产和管理中较为重要的方面。考虑到农业生产和种植的具体环境因素、地理因素和组成因素,选择最合适的生产方式,尽可能减少生产投入,扩大农业收入,同时将农业管理细化为每个农业单位,充分利用农业单位自身条件和自身资源,实现精准农业。

(3)实现农业预测和模型建立。

在农业系统的预测和模型建立中,计算机网络技术能够被充分利用。在两个系统中可以对农业关键因素进行监控、分析、整理等,如对土壤、水分及气候等信息进行整理和分析。该模型对未来农业生产进行预测和干预调整,以获得最大的农业生产收益。涉及的计算机网络技术主要有信息搜集技术和模型建立技术,通过这些技术,对整个系统进行优化,这种模型优化的管理对农作物的生长有着很重要的作用。

(4)实现农业系统管理。

农业管理决策支持系统中含有一套模拟模型,可以实现对农业管理的决策;同时具有一套知识体系,可以进行专家诊断和智能支持。该系统的建立需要信息库、模拟库以及预测库等的支持与帮助,一般包括计算机信息处理技术、农业管理决策系统。计算机信息处理技术主要用来对搜集到的农业信息进行分析、处理与储存,为决策支持系统提供信息支持。农业管理决策系统主要是通过对农田作物的实时生长信息进行管理与统计,并通过专家系统进行决策的,是精准农业管理的辅助技术。

计算机网络技术与信息技术推动传统农业迈向现代农业。信息技术的高速发展为农业科技革命和农业发展带来了契机。各类信息技术和相关产品已经在农业生产和各类经营管理中得到广泛应用,发挥了重要作用,并为农业现代化注入了强大的活力。利用计算机网络等信息技术实现农业信息互通、信息共享对我国农业的发展具有重要的意义。

3.3.4　农业信息远程传输的实现

客户端/服务器模式可以说是用途最广泛的网络应用之一，TCP 和 UDP 通信协议都支持这种服务。TCP 是为了保证大量数据的正确传输而设计的，其中提供了错误捕获、资料恢复、资料补发等机制。但并不是所有的客户端/服务器模式都需要建立连接，UDP 通信协议就是一种非连接式的通信协议，主要用于传递大量但对数据可靠性要求不高的数据，它不需要建立有效的通信连接。在 UDP 应用中，只需指定服务器的 IP 地址和应用的端口号，客户端和服务器之间就可以通信了。它提供的是数据的单向传输。在数据传输中因无需建立连接，故可省去很多连接时间。为进一步完善，我们可以在文件传送的过程中加入如身份验证、权限分配、文件加密等安全机制，保证一些重要文件在传送过程中不会出现泄密的情况。

第4章　农业信息处理

4.1　农业信息智能聚合与共享

基层农村综合信息服务技术集中体现在服务内容和服务模式上。欧美等发达国家对农村综合信息服务主要通过三个层次的计算机网络系统来实现。一是政府运营的电子数据管理系统，有政策数据库、气象数据库、区域指导性生产计划、国际市场行情、作物病虫害预报警报、资源数据库等，农户可随时免费获取信息。二是由营业性公司经营的数据网络，用户缴纳一定费用即可得到有关施肥、品种、病虫草害防治技术和市场等信息。三是各种专业协会就某一领域开设的网站，一般提供专业性和技术性较强的信息服务。

我国通过“九五”“十五”星火计划、科技攻关计划、“863”计划，以及“金农”工程，已基本形成了具有一定规模的农业信息服务体系框架。政府各涉农管理部门、农业科技机构、农业院校、社会上一些农业企业和涉农企业都建立了相应的农业信息网站，初步形成了以农业系统为主，以其他涉农部门和社会力量为补充，开放的全国农业信息服务体系基本框架。但在信息的有效共享、面向基层的集成协同服务等关键环节上与发达国家仍存在很大差距。

4.1.1　研究现状与发展趋势

在国际上，很多国家和组织建立了面向农业生产和管理的信息服务系统，如联合国粮农组织存取数据库（agricultural information system，AGRIS)、国际食物信息数据库(international food additives database，IFIS)、美国农业文献联机存取书目数据库(agricaltural online access，AGRICOLA)、国际农业和生物学中心文摘数据库（centre for agriculture and bioscience international，CABI)等，广泛用于农业生产管理。美国佛罗里达大学建立的农业实用技术信息服务系统，每月的访问次数达150万次。韩国农村振兴厅主办的信息咨询系统和视频服务系统，能够随时为农民解决实际生产中的问题。日本已实现国内部分农产品批发市场销售数量实时联网发布,农产品生产者和销售商可以从网上查出每天、每月、每年的各种农产品精确到千克的销售量。

与发达国家相比,国内农业信息化处于相对落后状态。虽然涉农相关网站数目众多,但是彼此独立运行,在内容设置上存在重复建设的问题。中国农业信息网是中华人民共和国农业农村部下属网站,信息相对权威,但是其信息存储也有限。各省市的农业相关网站彼此独立运行,数据种类复杂,并且存在一定程度的数据矛盾。国内涉农网站大都是信息孤岛,用户使用起来很不方便,要查看某个农产品的价格行情可能需要访问很多网站,这对于用户的计算机使用水平有一定要求。中国农业信息网"一站通"试图解决这个问题,用户可登录网站发布和查询农产品信息,但它只是一个简单的数据发布查询系统,汇集的数据不够全面,不能准确反映农产品信息的时空特征。

现阶段,各类涉农网站数量多、信息量大,但信息源极为分散,服务方式单一,服务水平低下。一方面,农业生产者和管理者对农业信息的需求非常迫切;另一方面,农业信息资源建设和服务水平滞后。信息需求与信息供给能力形成强烈反差。现阶段阻碍农业信息化发展和应用的瓶颈有以下两个。

瓶颈一:信息孤岛。目前的涉农网站信息资源数量众多,拥有海量信息,但是无法互通、互联,最终形成一个个"信息孤岛"。这将导致前期信息资源的浪费,后期信息资源建设的无序,将极大地阻碍我国农业信息化建设向纵深发展,因此"信息孤岛"问题是阻碍我国农业信息化发展的一大技术瓶颈。

瓶颈二:信息淹没。服务信息内容是市场的灵魂,市场是农业发展的制高点,特别是在农业市场全球化和一体化的发展趋势下,能否及时高效地提供高质量的信息资源服务内容,帮助农民快捷、准确地捕捉市场信息,把握市场动向,掌握市场先机,及时调整种、养殖品种及销售方向,赢得市场竞争的主动权非常重要。随着互联网数据的指数级增长,互联网用户可查看的信息也跟着飞速增长。但是,互联网上的数据源都彼此独立,网民不得不面临信息过载的问题。当前互联网研究重点是给用户提供个性化的、用户急需的知识,避免用户陷入信息海洋中。搜索引擎、信息抽取、数据挖掘、语义网等技术的应用研究正是朝着解决这一问题的方向发展的。但是当前通用的搜索引擎和其他通用的系统还无法解决信息淹没的问题,如通用搜索引擎的爬虫程序无法及时更新哪怕是搜索引擎自己都认为重要的网页。因此,专业的信息处理平台是未来发展的趋势。农业信息智能聚合与共享平台正是为实现这一目标而出现的，该平台使用超文本信息抽取、数据挖掘、农业本体、多Agent协作、GIS等国际领先技术，提供给用户个性化服务并利用3G逐步推广无线增值服务。

4.1.2 农业信息智能聚合与共享应用实例

美国、日本等发达国家农业信息技术的发展进入数字化时代，大力发展“数字农业”，并建立了大量农业经济和农业资源数据库，来帮助实现农业信息的共享。以美国斯坦福大学、马里兰大学、南加州大学为代表的研究小组先后提出各种知识表示标准和交换协议。例如，由斯坦福大学知识系统实验室提出的知识信息格式(knowledge interchange format, KIF)是一种在不同计算机系统之间交换知识的面向计算机的一阶语言。当一个计算机系统需要和其他系统通信时，可通过将其内部的数据结构转换成KIF来实现。作为纯粹的表示语言，KIF并没有包含知识库存取和操作的命令，进一步发展的开放知识链接(open knowledge base connectivity, OKBC)是为存取知识库而设计的协议，它为知识库的操作提供了通用接口。这一接口使应用程序独立于特定的知识表示形式，使开发知识表示系统通用工具成为可能(如图形浏览器和编辑器等)。OKBC是对KIF的补充，它侧重于能被大多数知识库支持并具有普遍性的操作，如对框架、槽的操作等。相关研究成果已列入W3C推荐标准，并在农业信息技术方面得到逐步应用。

中国科学院合肥智能机械研究所(简称“中科院智能所”)与安徽省数字农业工程技术研究中心完成的“农业信息智能聚合与共享平台”提出的基于农业本体论的农业个性化信息智能对接技术，有效利用先验知识的支持向量机预测方法和基于网页分块综合检索技术，可以聚合并共享大多数国内外涉农网站的农业相关信息。该研究成果总体上已达到国内领先、国际先进的水平。

农业信息智能聚合与共享平台采用J2EE架构，系统体系结构分为：客户层、Web表示层、业务逻辑层、数据层。这种多层结构降低了Web服务器的负载，且有连接池、事务操作、安全管理等功能，提高了Web应用整体的可伸缩性、可靠性、可管理性和灵活性。

应用服务器基于Unix、Windows等不同的操作系统，可以部署多个独立的智能化农业信息处理系统，客户端支持 PC、NC 等多种可接入设备远程决策。用户只需要在终端发出不同请求，就可以获得不同的智能信息处理系统处理结果。同时，用户可以通过发布系统把新的智能信息处理系统添加到服务器或对已经发布的系统进行修改。

农业信息智能聚合与共享平台主要包括用户个性化需求主动获取系统、农业科技与市场信息智能搜索系统、农产品供求信息智能对接系统、市场价格数据挖掘与预测系统、农业科技信息智能问答系统、农产品价格数据可视化展示系统等。该平台体系结构如图 4-1 所示。

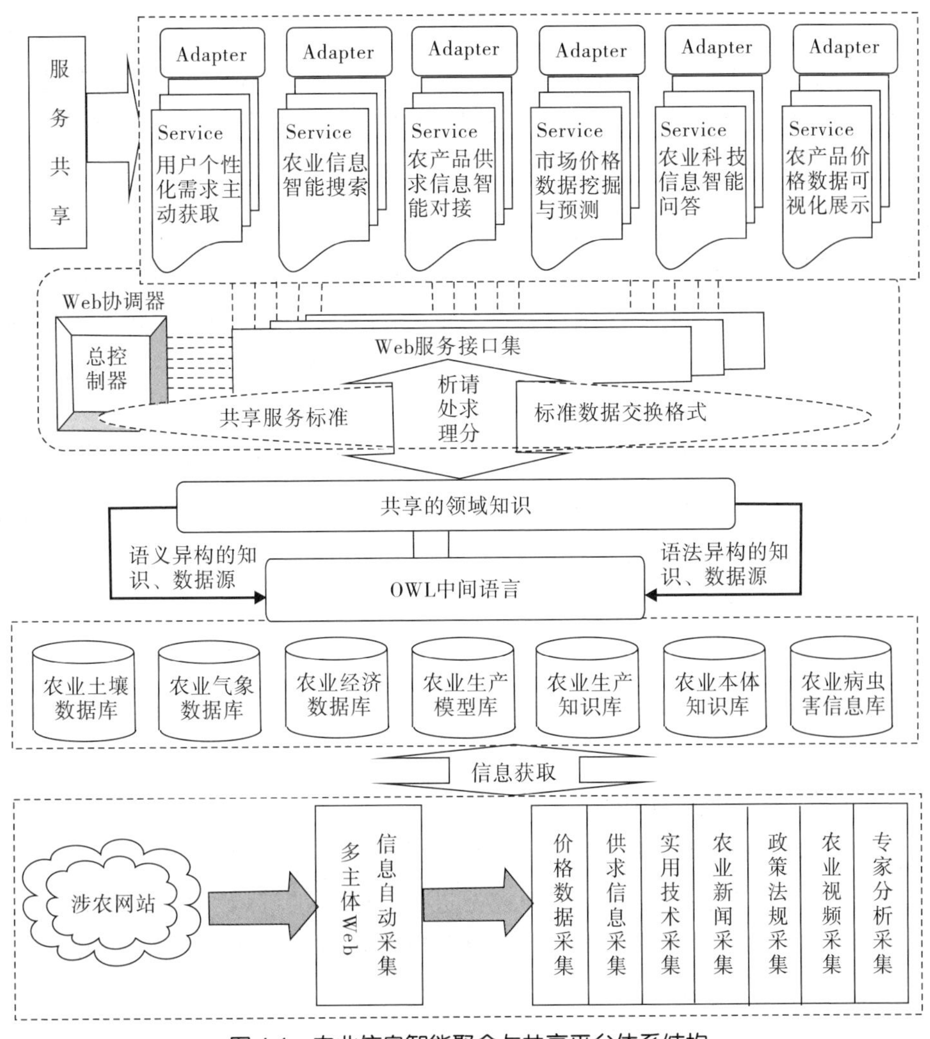

图 4-1　农业信息智能聚合与共享平台体系结构

(1)个性化需求主动获取系统。

个性化需求主动获取系统根据用户访问日志,利用 Web 数据挖掘技术对日志和网页进行挖掘,分析用户访问模式与用户兴趣爱好,从而为用户提供个性化服务。

(2)农业科技与市场信息智能搜索系统。

农业科技与市场信息智能搜索系统对抓取的涉农网页内容进行预处理、分词、索引等步骤后建立农业专业搜索引擎系统,该系统对用户输入的查询语句利用本体库进行语义信息扩张,实现傻瓜化、个性化、高效的信息检索。

(3)农产品供求信息智能对接系统。

农业供求信息智能对接系统主要针对农业网站中众多的供求信息进行智能对接,将互联网的超文本数据利用信息抽取过滤器将其转换成结构化的数据存储在数据库中,随后根据本体的相关知识提供信息对接服务。

(4)市场价格数据挖掘与预测系统。

市场价格数据挖掘与预测系统对于超文本的无结构化数据或者结构化数据,将原本存储在本地存储设备进行的数据清洗、转换等工作转换到数据仓库中,使用数据挖掘的预测等算法实现对农产品价格行情的分析预测。

(5)农业科技信息智能问答系统。

农业科技信息智能问答系统采用自然语言问句的方式与用户进行交互。这是最广大的最终用户所乐于接受的最为简单直观的交互方式。自然语言问句丰富的表现力使得对问题的精确刻画成为可能。该系统直接返回蕴含答案的文本,极大地提高了用户寻找答案的效率,使广大农民、农业大户和农业企业能够迅速地在其所关心的领域查到所关心问题的答案。因此,这样的系统具有非常广阔的市场前景。农业科技信息智能问答系统结构如图4-2所示。

(6)农产品价格数据可视化展示系统。

农产品价格数据可视化展示系统。对于超文本的无结构化数据或者结构化数据,将原本存储在本地存储设备进行的数据清洗、转换等工作转换到数据仓库中,使用高级语言实现对数据库和数据仓库中的数据进行联机分析和多维视图展示等操作。

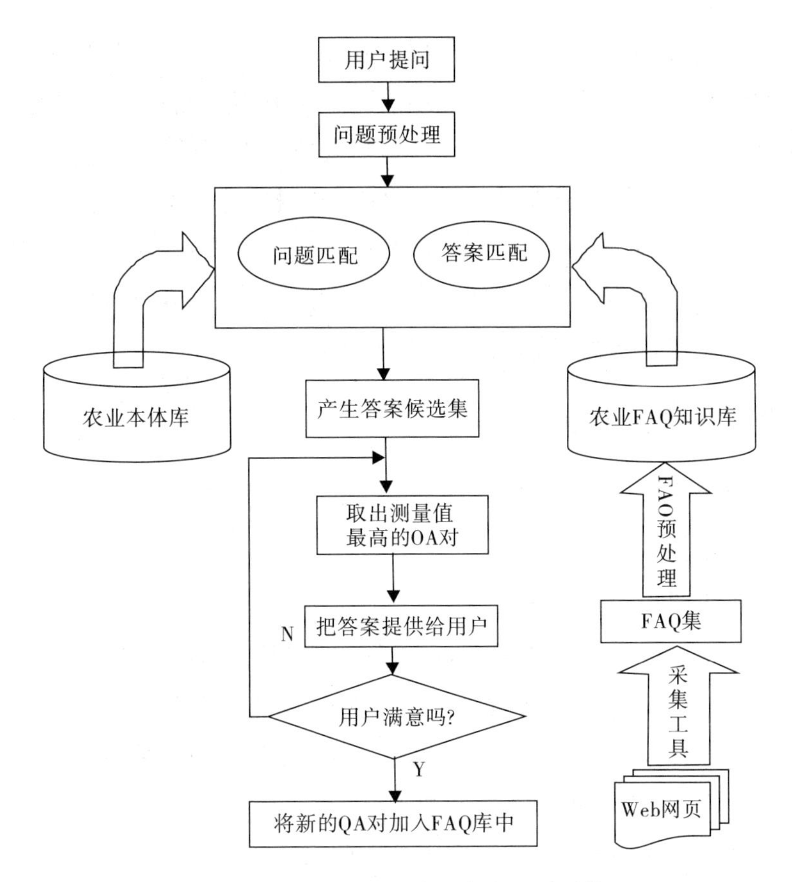

图 4-2　农业科技信息智能问答系统结构

4.2　农业信息智能搜索

搜索引擎是解决“信息过载”问题的基本工具。传统搜索引擎大致可分为三类:以目录索引为特征的搜索引擎(Yahoo);以关键词索引、页面重要性分析与超链分析技术为特征的全文搜索引擎(Google、Baidu);元搜索引擎(Met Crawler、Mamma)。这三类搜索引擎在实际应用中存在两点不足:一是用户无法用简单的关键词准确表达出查询的需求,具有一定的盲目性,查准率很难保证,易出现大量与用户本意不同、无关的垃圾信息;二是搜索引擎只返回包含成千上万的指向 Web 页面的链接地址,距离得到用户所需要的真正信息还有很大差距。

目前,我国建有 15 000 余个涉农网站,积累了丰富的农业技术、政策法规、农业新闻等信息资源。这些网站由于信息资源缺少统一的形式化表达与操作标准,使得信息异质、异构、分散、重复现象严重,形成"信息孤岛",很难发挥农业信息资源的集成效用。考虑到农户文化水平不高、计算机操作能力不强以及农业信息服务的复杂性,要求农户利用传统的搜索工具去直接交互、捕捉和筛选个性化信息是不现实的。因此,建立专业化、个性化以及高度智能化的农业搜索模型,开发相应的搜索引擎意义重大。

4.2.1 研究现状

围绕专业化、个性化、智能化搜索模式的研究,国内外研究者已经取得了很多成果,大致归为以下几类。

1. 专业化搜索模型

专业搜索也称垂直搜索(vertical search),对特定范围的网络信息的覆盖率相对较高,具有可靠的技术和信息资源保障,有明确的检索目标定位,能有效弥补通用综合性搜索引擎对专业领域及特定主题信息覆盖率过低的问题。相对成功的产品有国外科学搜索引擎 Scirus(一种专为搜索高度相关的科学信息而设计的搜索引擎)、NEC 研究院的 CiteSeer(一个著名的针对计算机科学领域论文的检索系统)、国内酷讯搜索引擎(提供了招聘、住房、票务、汽车等功能)、百度旗下的音乐搜索以及大旗、奇虎等提供的论坛社区搜索引擎等等。

国内较早的农业专业化搜索引擎——搜农(http://www.sounong.net)提出并采用了"用户偏好知识模型+元数据+农业本体库+多级主从推理"的基于本体的农业智能化搜索模型。

2. 个性化搜索模型

个性化搜索模型是指搜索引擎能够提供的可满足用户个别需求的信息的能力,强调用户个性化信息的获取、用户个性化建模、模型的修正与增量式学习。个性化搜索模型的核心方法有三种:(1)使用统计分析、关联规则、聚类、分类、序列分析等数据挖掘方法从 Web 日志中抽取用户使用模式,并利用模式评估将挖掘出的模式转化为知识。(2)Havliwala 提出了一种称作

Topic Sensitive 的个性化 Page Rank 算法。该算法不是为每个页面计算一个全局的 Page Rank 值，而是针对每个类别、每个页面都计算一个相应的 Page Rank 值，以提高返回结果的相关性。(3)My Yahoo 对用户感兴趣的信息进行过滤，只显示用户可能关心的部分。用户可明确指示其偏好或者系统通过用户的访问活动自动(或半自动)地推理出其偏好。

3. 自适应搜索模型

传统搜索引擎采用的是单一的“输入一输出”响应模式，而自适应搜索引擎采用的是“输入—输出—反馈—输入—输出”的循环响应模式(见图 4-3)。在系统模块上，自适应搜索引擎一方面增加了用户兴趣信息处理模块和搜索结果调整模块；另一方面，它还引入了向量空间模型对查询进行处理。由系统结构可以看出，该自适应搜索引擎能够完成以下功能：(1)根据用户对搜索结果的使用情况，分析出用户的兴趣信息；(2)利用用户的兴趣信息对检索式进行重构，改变某一索引项或关键词的权重；(3)利用向量空间模型计算 Web 文档与检索式之间的相似度，并对原搜索结果按相似度大小重新进行排序，并把新搜索结果返回给用户；(4)搜索引擎又开始新的事务，收集用户的访问序列，如此循环。

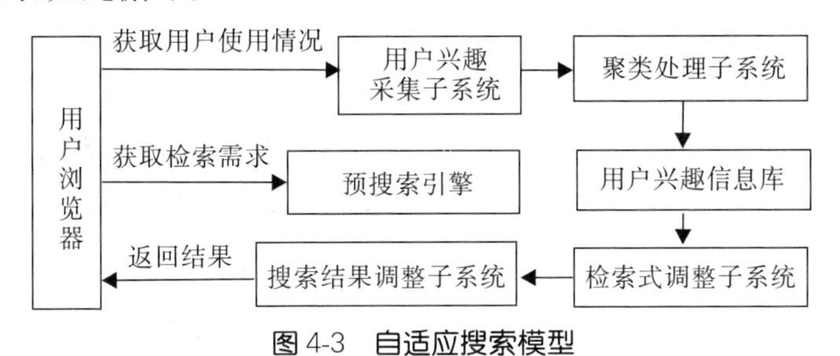

图 4-3　自适应搜索模型

如上所述，国内外学者对个性化、专业化以及自适应搜索模式的研究做了大量有价值的工作。但是，互联网的结构无组织、多模式；信息源动态、异地分布；信息量日新月异地增加，保存的信息是变化的、模糊的甚至是不完整的，这些特点使得这些搜索模型无法适应复杂网络环境的动态变化，信息更新速度缓慢，同时也造成专业化信息获取困难，网页抓取的采全率、采准率无法得到保证。个性化搜索模型与自适应搜索模型仅仅建立了用户兴趣与搜索服务的适应与协作关系，如何把用户兴趣模式用于校准专业信息采集意向，如何进一步提高专业信息分类精度，如何净化分类信息进一步提高信息质量，都是新一代专业化、个性化、高度智能化搜索引擎面临的核心问题。

正如戴汝为院士指出的，互联网是一个以不确定的形式、不确定的时间进行着不确定内容的动态交互作用形成的动态系统，这个系统完全具备了开放的巨复杂系统的动力学特征。

4.2.2 农业信息智能搜索技术

1. 农村信息智能搜索服务技术研究

该项研究针对农村信息搜索结果繁杂、准确性较差的特点，研究农村生产技术、农产品市场信息、农资质量等领域的本体模型，构建上述领域的本体数据库，形成规范的数据表示，为智能搜索服务提供数据分类标准。它结合农村相关领域的专业数据源，研究面向农业专业领域的元搜索引擎技术、农村信息采集技术、分类技术和相关性排序技术，开发专业搜索引擎的信息采集器、分类器，设计并实现相关性排序算法，构造一个面向农业领域的专业搜索工具。基层农民、政府主管机构或者科研机构都可以通过门户网站，准确地找到自己所需要的农业信息资源。

2. 分布式异构数据的虚拟访问技术研究

该项研究针对农村信息资源异构、分散的特点，研究分布式异构农村数据的集成访问管理体系结构和数据访问接口技术，开发集成数据访问中间件，集成分布的多个数据资源，形成虚拟数据库管理系统，为农村信息协同服务中的数据处理提供单一的访问接口，从而便于各种异构农村信息资源的充分整合、共享与应用。方案采用中科院智能所开发完成的"农业信息智能处理与知识共享服务平台"，实现农业种植、养殖实用科技知识以及农副产品供求信息、价格数据的自动采集。

该研究包括如下系统：采用 Web 实用技术与供求信息多 Agent 自动采集系统、Web 市场价格数据多 Agent 自动采集系统、Web 网页基于先验知识的分类与聚类系统、复杂时空数据挖掘与预测分析系统、供求信息本体对接系统、农业综合信息 OWL 表达与格式转换系统、需求聚焦与服务定制系统以及农业数据仓库与综合知识库可视化管理系统。

3. 个性化服务技术研究

个性化服务技术研究通过人机交互获取用户检索词，通过农业本体库进行信息扩张，结合 Web 日志挖掘进行用户需求聚焦，为用户提供个性化服务系统。该研究可以让不同农业领域的用户按需定制其所浏览的农业信息内容，从而解决农业信息化过程中产生的“信息淹没”问题。

4. 农村(社区)政务管理和信息发布系统的研究与开发

农村(社区)政务管理和信息发布系统是以农村信息化管理需求为基础，结合政府各级领导丰富的管理经验和专家多年的软件开发经验，建立的以经营管理为核心，结合党群管理、人口管理、资源管理、社务管理和村务公开的全面的、集成的、标准化的农村管理信息系统。该系统实现村委会日常办公信息化、自动化和标准化，提高办公效率，降低管理费用，实现决策支持，并利用现有广播电视光纤系统，最终实现镇(区、乡)内村委会与镇(区、乡)政府管理信息系统联网，建立网络社区。农村信息化建设是当前农村的重点工作之一，通过实施农村管理信息系统，可以提高管理的效率，规范管理的标准化程度，增加管理的透明度，提高农村干部群众整体素质，提高管理决策的水平，促进农村信息化、现代化建设。

5. 智能农用信息机研发

智能农用信息机是一种简单的、高效的、廉价的，集互联网与电视、电话网络于一体的终端产品。中科院智能所在国家“863”计划、科学院知识创新工程支持下，于 2005 年 6 月研制成功第一代“智能农用信息机”。该信息机采用 32 位微处理器，并运行有嵌入式终端操作系统，支持 PPP、TCP/IP 等网络协议，接入方式为内嵌 MODEM，拥有大容量的 FLASH，支持信息机终端软件的自由升级和内存 64M 存储器，用于从网上下载信息，支持信息机身份的认证，可直接在电视显示，彩色或黑白普通电视机均可作为显示终端，为信息入户，解决农业信息化“最后一公里”提供廉价的信息接入设备。

第一代信息机主要功能包括：支持在线浏览各种 WAP 农业网站，可浏览播放文字、图片，也可以下载存储到本地供离线浏览观看；支持农户进行供求、价格等网上信息的查询、接收与发布，并可以接收回复信息。目前，中科院智能所正在研制第二代信息机，第二代信息机在第一代信息机功能基础上，主要增加了流媒体功能。其主要功能包括：支持终端系统播放网络传送的多媒体节目，画面流畅、声音清晰；支持单机版专家系统和网络版专家系统;支持多媒体课件,用图文并茂、生动形象的教学方式让用户理解接受各种知识。除完全具备第一代信息机特点外,第二代信息机的实用性、针对性更强,能够达到学了就会、会了就用、用了就能致富的效果。

4.3 基于云计算的农业知识服务

农业知识服务是针对农业用户的专业需求,以问题解决为目标,对相关农业知识进行搜集、筛选、研究分析,并支持应用的一种深层次的智力服务。我国幅员辽阔,不同土壤情况、作物、气象等条件下,对农业服务的需求千差万别。由于农业知识具有复杂性,广大农民还不能完全靠自己解决农业生产中的问题。事实证明,仅依靠传统的农业信息服务是远远不够的,需要为农民提供主动、及时、有针对性的信息,而不是未经加工的或仅初加工的信息。因此,农业知识服务是农业信息化发展的必然趋势和提高农业信息服务质量的迫切需求。

云计算是由 Google 提出的一种新的计算模式,力图改变传统的计算系统的占有和使用方式。基于云计算的农业知识服务是大势所趋。我国有 36 万多所农民专业合作社、100 多万个涉农企业、1000 多万农民大户。数以十万计的并发请求对知识服务平台的计算、存储性能及其可靠性、扩展性、安全性等要求很高。而在云环境下,计算、存储资源是动态分配,弹性缩放的,可以根据需求的变化,自动地进行分配和管理,实现高度“弹性”的缩放和优化使用。

当前农业领域的知识资源异质、异构、重复现象严重,形成“信息孤岛”,用户也很难有效发现、获取、管理知识资源。而云平台将资源和服务进行统一管理,按需组合服务,并为用户提供统一的知识发现、使用和管理服务入口,使得用户可以在任何时间、任何地点,通过任何可以连接网络的设备来使用服务,而不必关心这些服务的实现细节。

另外,在云环境下,用户只需根据自己的需求选择租用相应的服务,而不必拥有支撑这些服务所需要的软、硬件资源。这种模式对于我国农业用户,特别是大量的中小农业企业和农村合作组织的低成本信息服务是非常有利的。

尽管云计算平台为实现高效的知识服务提供了非常好的支撑，但是农业知识服务本身有其特殊性。不同土壤情况、作物、气象等条件下，农民对农业服务的需求千差万别；农业知识具有复杂性，农业用户的需求往往是一个完整的问题求解过程，往往涉及多个异构知识服务的组合求解，考虑到农民的文化水平不高，计算机操作能力较弱，返回给用户的应该是一个较完整的解决方案。另外，当前农业领域的知识得不到有效共享，用户也很难有效发现、获取、管理知识资源。如何有效整合现有的海量、异构、分散的知识资源，如何主动获取用户需求，以问题求解为核心，自适应地进行按需服务组合，并为用户提供随时随地、无处不在、全方位的个性化知识或解决方案，是新一代农业知识服务需要解决的核心问题。

4.3.1　国内外研究现状

围绕智能化、个性化、自适应知识服务，研究人员取得了大量研究成果。

1. 农业智能信息服务

国外有关农业信息化技术领域的研究，目前主要涉及农业知识处理与应用，农田信息快速获取与农情监测，动植物模型与虚拟农业，农业智能监测、控制，RS、GIS、GPS(3S)应用，精确农业和农村信息化建设等关键技术，其中农业知识处理与应用技术应用频度最高，效果最为显著，普及范围最广。相比较而言，欧美发达国家的农业知识处理与应用系统处于世界领先水平，它们通过集成大量知识和农业生产流通第一线数据，来为品种选择、土壤营养诊断、水肥管理、病虫害/疾病诊断、肥料/饲料配方、农产品深加工、农产品流通等种植、养殖生产全过程提供信息化服务。比较著名的系统有英国爱丁堡农学院开发的农业管理与决策选择系统 SELECT，美国加利福尼亚大学戴维斯分校开发的作物决策管理系统 CALEX，德国的 Lorenz-J 研制的大型猪场生产决策系统“系统计划 2000”等等。

国内农业知识处理与应用系统的研究，以国家“863”计划中的项目“智能化农业信息处理系统”最具有代表性，此项目共研制 5 个各具特色的农业专家系统开发平台(北京农业信息技术研究中心的 PAID、中国科学院合肥物质科学研究院的 XF 与 DET、吉林大学的 ISIDP 和哈尔滨工业大学的 EST)，100 多种农业领域应用框架和 300 多个本地化农业专家系统，构建了品种、土壤、气象、栽培和饲养等海量农业数据库及包含不同权威农业专家知识的大规模知识库、模型库。另外,在国家“863”计划中“现代农业信息技术与精准农业”专题以及“数字农业”重大专项的支持下,我国已经在农业信息资源的开发和管理、农业宏观决策和区域农业决策信息化技术、农业信息服务系统建设、重大植物病虫害诊断与预警等方面取得了一定的突破。

但是,由于农业智能系统的独立性、异构性等特点,难以实现系统之间的互操作和知识共享,无法实现不同知识服务之间有效的组合和共享,无法完成农业用户较复杂的需求,且远远不能满足农业领域对智能化农业应用系统的越来越多的需求。

2. 基于 Web Service 的农业信息服务

Web Service 又称 Web 服务,它提供了各种独立系统松散耦合的标准接口,能够在各种异构系统的基础上构筑一个通用的、与平台和语言无关的平台。在各种系统之上的应用依靠这种平台技术来实施彼此的连接和集成。首先,已有的 Web 技术规范都是开放的,如 XML,SOA,PWSD,LUDDI 等,因此受到业界的广泛支持;其次,Web 技术作为真正意义上的跨平台、跨系统的分布式技术,可以集成异构平台上的异构系统,从而充分利用现有的各种资源进行整合应用;再者,Web 服务技术实际上是继承以往的面向对象技术发展而来的,因此具有面向对象的可管理性、可维护性、伸缩性和继承性等特点。

目前比较有代表性的项目包括:河北农业大学研制的基于 XML Web 服务的保护地蔬菜栽培专家系统,通过 Web 服务可以高效地实现各异构系统之间的通信,真正实现农业专家系统的集成;江苏大学余水清开发的基于 Web Service 技术和 Microsoft. Net Compact Framework 的分布式移动专家系统,解决了当前农业专家系统普及推广难的问题;国家农业信息化工程技术研究中心开发的基于 Web Service 的智能化农业软件支撑平台,具有跨平台、分布式、多线程等特点,为农业软件开发提供了一个方便、快捷的开发环境和开发工具;国家农业信息化工程技术研究中心研制的基于网络的智能化专家系统开发平台,已成功开发出几百种特色专家系统软件,产品涉及农业领域中的蔬菜生产、果树管理、花卉栽培、牧草种植、畜禽饲养、水产养殖等;由北京农业信息技术研究中心开发的网络化、构件化农业智能系统开发平台，采用成熟的网络中间件技术，实现了不同网络上的农业信息传输与智能化处理。

3. 农业知识网格

在知识网格研究方面，英国 e-Science 项目中的 MyGrid 比较有代表性，它通过开放的网格体系结构对生物信息进行形式化表达、管理以及共享，并依赖于网格上的知识服务来发现网格中有哪些资源可用，精确匹配“问—答”智能决策业务逻辑并进行知识调用、交互操作和执行监控，并产生期望的结果。英国政府的 Geodise 用网格和知识工程技术实现了一个基于知识、辅助本体的工作流构建助手 KOWCA，通过知识注释可以对航空引擎部件进行快速工程设计，并对工作流中下一步应该做些什么提出建议方案。美国国家卫生研究院启动的生物医学信息科研网计划，结合数据库中介和知识表达技术来创建基于模型的中介，将领域专家提出的自然语言表示的问题转换成对多个知识库的查询。美国能源部 Argonne 实验室研究的 Access Grid 主要集中于大规模分布式会议和培训的多媒体设备协同应用中。日本国家农业研究中心研究了应用于农田生产决策的知识网格 AG-GRID，通过集成农田土壤数据、气象数据、空间数据、生长模型等信息，为农户提供农业生产综合信息服务。

目前，对于知识网格在生物医学、高能物理、文献信息服务等领域的应用研究取得了一定的知识产权。在农业信息服务领域，我国台湾建立了生态监测格网 Ecogrid；湖南农业大学构建了知识网格环境下的作物栽培知识服务研究；国家农业信息化工程技术研究中心研制了基于代理封装层、服务工具层和应用层的农业知识服务网格，为最大程度地实现农业知识资源的共享奠定了技术基础。

综上所述，围绕个性化、智能化、自适应的知识服务，研究人员虽已取得了大量有价值的成果，但是尚存在一些不足。

传统的农业智能信息系统，几乎涵盖了农业领域的各个方面，提供了大量的专业知识服务。但农业知识具有复杂性，用户的需求往往是多个服务的组合，而当前的智能信息服务多针对某一特定领域或只局限于部分地域、部分群体，不同服务之间无法组合，当面对用户较复杂的请求时，往往无能为力。

为了解决服务之间的组合问题，出现了基于 Web Service 的服务架构。虽然 Web Service 架构实现了服务间的松耦合，但是没有统一的组织，以及服务的发现、管理等机制，其服务间的通信是在互联网上进行的，实际运行时效率较低，无法满足海量用户的大规模访问需求。

4.3.2　基于云计算的农业知识服务关键技术

1. 异构资源的统一知识表达

异构资源的统一知识表达基于网络本体语言（Web Ontology Language，OWL）的农业知识资源融合方法，建立农业本体知识表示构件，实现农业常用的产生式、事例和语义网等多种类型知识表示的统一描述，从而解决农业领域多种来源、多种类型知识的问题表示；研究基于本体的农业知识转换构件，以本体知识表示方法为桥梁，将多种表示类型的知识转换为某一农业智能系统所要求的个性化知识表示形式，便于实现知识和资源的跨平台共享，如图 4-4 所示。

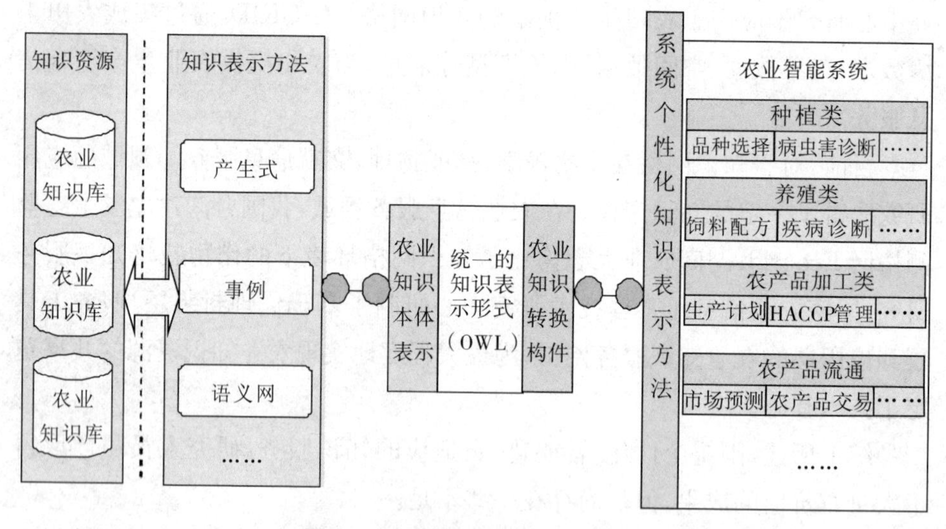

图 4-4　农业异构资源的知识表示

2. 海量知识服务节点的自组织模型

海量知识服务节点的自组织模型包括农业知识区域空间聚类与映射演算模型，以及 P2P 的知识节点组织模型。其中，农业知识区域空间聚类与映射演算模型结合农业知识的多区域、多形态的内在特征，研究农业知识资源内涵特征,如规则集、多媒体集、语义片段集、线性规划模型等,采用多维结构描述分散在各知识节点上的农业知识所属领域、基本内容、表示方式和节点位置之间的关联关系,建立多农业知识的尺度空间聚类与映射演算数据模型。P2P的知识节点组织模型基于P2P架构及以上模型开发自适应性知识服务资源共享与交换构件,实现系统整体拓扑以及资源和服务能力的自适应动态调整,方便实现面向不同类型特点的农业知识的空间聚类、快速映射和空间演算,保证根据用户需求及时获得异地分布的农业知识。

3. 用户需求聚焦

用户的需求经常具有不确定性。面临“说不清、说不准、说不全”的情况,如何对这种不确定需求进行准确的刻画及推理是用户需求建模的关键。有效利用用户的注册信息作为背景知识,结合Web用户日志挖掘技术,基于农业分类本体(ontology)的信息扩张技术,实现用户需求逐步聚焦,建立用户兴趣模型,针对农业协会、农业企业、农民大户建立服务主体Agent,并建立多Agents服务联盟。

4. 服务组合的自动按需构造和透明调度

服务组合的按需构造服务于云服务的开发者,其目的是按照用户粗粒度的需求和上下文,自动或者半自动地查找、组织知识服务资源,并提供灵活易用的导航机制,协助用户快速构造复杂组合应用程序。其关键技术包括基于自动服务组合的多模式快速应用建模方法。Amazon和SAP分别从网站复杂WS-BEPL程序的生成以及流程建模的辅助工具等方面,探讨了自动服务组合技术在建模方面的应用。为了有效服务云计算环境中大量的应用程序开发者,不仅需要研究降低应用构造时间复杂度的高效算法,还需要研究采用合理的并发模式及分布式处理方法,以提高系统的并发处理能力和按需构造应用的效率。

对于农业智能决策过程中知识资源传输效率低、调配能力差的问题,研究农业知识服务单元的业务逻辑与农业智能决策服务单元的执行逻辑分离的作业调度技术、农业知识资源传输的优化调度技术、农业知识资源的动态管理技术,开发基于负载平衡和具备动态自适应能力的农业知识透明调度构件,利用农业知识透明调度构件来实现农业知识网格环境下异构、异地、异质的农业数据透明调度和动态管理。

通过农业知识网格透明调度技术的研究，一方面可动态分配所需的农业知识到不同种植、养殖生产业务智能决策过程中；另一方面，为农业知识工程师提供可视化界面，对农业知识进行科学筛选，保证农业智能决策服务的有效性和合理性。

4.4 机器学习在智慧农业中的应用

照片、视频等各种数字图像是机器学习和大数据技术重要的应用对象之一。图像处理就是对输入的原始图像进行某种线性或非线性的变换，使输出结果符合某种需求。图像处理技术的基本内容有：图像变换、图像增强、图像去噪、图像压缩、图像复原、图像分割和二值图像处理以及常用的小波变换、傅里叶变换等。图像的理解与分析是对原始图像进行特征的选择和提取，对原始图像所包含的知识或信息进行解读和分析的过程。图像处理技术是计算机视觉的基础，计算机视觉通过图像分析，让计算机模拟人眼和人脑进行工作，计算机视觉的发展离不开机器学习的支持，随着深度学习的不断发展和图像识别精度的大大提高，计算机视觉领域的发展前景非常广阔。机器学习、大数据以及图像处理技术的迅速发展，为其在农业中的应用提供了强有力的支撑，当然机器学习在智慧农业中的应用并不仅仅依靠图像处理分析，本节将着重介绍机器学习在智慧农业中的应用。

4.4.1 机器学习

1. 机器学习的定义

机器学习在大型数据库中的应用称为数据挖掘。在数据挖掘中，需要处理大量的数据以构建简单有用的模型，如具有高精度的预测模型。数据挖掘的应用领域非常广泛：在金融业，银行分析其历史数据，构建用于信用分析、诈骗检测、股票市场等的应用模型；在制造业，学习模型可以用于优化、控制以及故障检测等；在医学领域，学习程序可以用于医疗诊断等；在电信领域，通话模式的分析可用于网络优化和提高服务质量；在科学研究领域，物理学、天文学以及生物学等只有用计算机才可能对大量数据进行快速分析。

机器学习还可以帮助我们解决人脸识别、语音识别以及机器人方面的许多问题。以人脸识别问题为例：即使姿势、光线、发型等不同，我们每天还是可以通过看真实的面孔或照片来辨认我们的家人和朋友，但是我们做这件事是下意识的，而且无法解释我们是如何做到的，我们不能够解释我们所具备的这种技能，也就不可能编写相应的计算机程序。但是我们知道，脸部图像并非只是像素点的随机组合：人脸是有结构的、对称的，脸上有眼睛、鼻子和嘴巴，它们都位于脸的特定部位，每个人的脸都有各自的眼睛、鼻子和嘴巴的特定组合模式。通过分析一个人脸部图像的多个样本，学习程序可以捕捉到那个人特有的模式，然后在所给的图像中检测这种模式，从而进行辨认，这就是模式识别。

机器学习使用实例数据或过去的经验训练计算机，以优化某种性能标准。我们依赖于某些参数的模型，而学习就是执行计算机程序，利用训练数据或以往经验来优化该模型的参数。模型可以是预测性的，用于预测，或者是描述性的，用于从数据中获取知识，也可以二者兼备。

简单地讲，机器学习就是让机器模拟人类的学习过程来获取新的知识或技能，并通过自身的学习完成指定的工作或任务，目标是让机器能像人一样具有学习能力。

机器学习的本质是样本空间的搜索和模型的泛化能力。目前，机器学习研究的主要内容有3类，分别是模式识别（pattern recognition，PR）、回归分析（regression analysis，RA）和概率密度估计（probability density estimation，PDE）。模式识别又称为模式分类，是利用计算机对物理对象进行分类的过程，目的是在错误概率最小的情况下，使识别的结果与客观物体尽可能相一致。显然，模式识别的方法离不开机器学习。回归分析是研究两个或两个以上的变量和自变量之间的相互依赖关系，是数据分析的重要方法之一。概率密度估计是机器学习挖掘数据规律的重要方法。

机器学习是人工智能的一个分支，它是实现人工智能的一个核心技术，即以机器学习为手段解决人工智能中的问题。机器学习通过一些让计算机可以自动“学习”的算法，从数据中分析获得规律，然后利用规律对新样本进行预测。

机器学习和人工智能有很多交集，其中，深度学习就是横跨机器学习和人工智能的一个典型例子。深度学习的典型应用是选择数据训练模型，然后用模型进行预测。

数据挖掘是从大量的业务数据中挖掘隐藏的、有用的、正确的知识促进决策的执行。数据挖掘的很多算法都来自机器学习，并在实际应用中进行优化。机器学习最近几年也逐渐跳出实验室，解决实际问题，数据挖掘和机器学习的交集越来越大。

人工智能、机器学习和深度学习三者之间是包含关系，如图 4-5 所示。人工智能的研究最早包含了机器学习，或者说机器学习是其核心组成部分，人工智能与机器学习密不可分。目前，人工智能的热点是深度学习，深度学习是机器学习的一种方法或技术。深度学习在图像识别和语音识别中识别精度的大幅提高，加速了人脸识别、无人驾驶、电影推荐、机器人问答系统和机器翻译等各个领域的应用进程，逐步形成了“人工智能＋”的趋势。

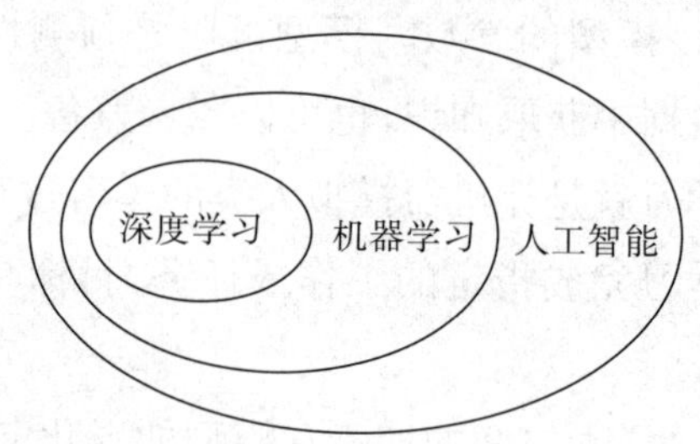

图 4-5　机器学习与人工智能、深度学习的关系

2. 机器学习的分类

根据机器学习算法的学习方式划分，机器学习可分为以下三种。

(1)有监督学习(supervised learning)。

有监督学习是利用一组已知类别的样本调整分类器的参数，使其达到所要求性能的学习过程，也称为监督学习。有监督学习的过程是：首先利用有标号的样本进行训练，构建相应的学习模型；然后，再利用这个模型对未知样本数据进行分类和预测。该学习过程与人类认识事物的过程非常相似。常用于分类的算法有：逻辑回归、决策树、最近邻、随机森林、支持向量机、朴素贝叶斯等；常用于数字预测的算法有：线性回归、最近邻、Gradient Boosting、AdaBoost 等。

(2)无监督学习(unsupervised learning)。

无监督学习是对无标号样本进行学习以发现训练样本集中的结构性知识的学习过程,也称为没有老师的学习。无监督学习事先并不需要知道样本的类别,而是通过某种方法,按照相似度的大小进行分类的过程。它与有监督学习的不同之处在于,事先并没有任何训练样本,而是直接对数据进行建模。常用于无监督学习的算法有:聚类算法和关联分析。

(3)半监督学习(semi-supervised learning)。

半监督学习是有监督学习和无监督学习相结合的学习,是利用有类标号的数据和无类标号的数据进行学习的过程。其特点是利用少量有标号样本和大量无标号样本进行机器学习。在数据采集过程中,采集海量的无标号数据相对容易,而采集海量的有标号样本则相对困难。因为对无标号样本的标记工作可能会耗费大量的人力、物力和财力。例如,在利用计算机辅助医学图像分析和判读的过程中,可以从医院获得海量的医学图像作为训练数据,但如果要求把这些海量图像中的病灶都标注出来,则是不现实的。现实世界中通常存在大量的未标注样本,但有标记样本则比较少,因此半监督学习的研究是非常重要的。

4.4.2　机器学习的应用实例

目前,在很多行业都开始应用机器学习技术,从而获取更深刻的洞察,为企业经营或日常生活提供帮助,提升产品服务水平。机器学习已经广泛应用于数据挖掘、搜索引擎、电子商务、自动驾驶、图像识别、金融投资、自然语言处理、计算机视觉、医学诊断、信用卡欺诈检测、证券金融市场分析、游戏和机器人等领域。在分析中使用机器学习的现实意义是获得有用信息,机器学习相关技术的进步促进了人工智能在多个领域的发展。

1. 关联分析

关联分析通过对数据集中某些项目同时出现的概率来发现它们之间的关联关系,其中一个典型的应用是购物篮分析。它的任务是发现顾客所购商品之间的关联性,分析消费者的购买行为习惯,从而制定相应的营销策略,还可以为商品促销、产品定价、位置摆放等提供信息。我们还可以据此对不同的顾客进行群体划分。关联分析主要包括 Apriori 算法和 FP-growth 算法等。

2. 分类算法

分类算法是应用分类规则对记录进行目标映射，将其划分到不同的分类中，构建具有泛化能力的算法模型，即构建映射规则来预测未知样本的类别。分类算法包括预测和描述两种，经过训练集学习的预测模型在遇到未知记录时，应用规则对其进行类别划分，而描述型的分类主要是对现有数据集特征进行解释并进行区分，例如，对动植物的各项特征进行描述，并进行标记分类，由此来决定其属于哪一类目。

分类算法主要包括决策树、支持向量机、最近邻算法、贝叶斯网络(Bayesian network)和神经网络等。

分类算法在模式识别方面有很多应用。比如光学字符识别就是从字符图像识别字符编码。这是一个多类问题的例子，类与我们想要识别的字符一样多。再如人脸识别，输入的是人脸图像，类是需要识别的人，并且学习程序应当学习人脸图像与身份识别之间的关联性。人脸类多，输入图像大，并且人脸是三维的，不同的姿势和光线等都会导致图像的显著变化。另外，对于特定人脸的输入也会出现问题，比如说眼镜可能会把眼睛和眉毛遮住，胡子可能会把下巴盖住等。

在医学诊断方面，输入的是关于患者的信息，按疾病分类，输入的信息包括患者的年龄、性别、既往病史、目前症状等。当然，患者可能还没有做过某些检查，相关输入也会缺失。检查需要时间，可能要花很多钱，也许还会给患者带来不便。因此，除非我们确信检查将提供有价值的信息，否则我们将不对患者进行检查。在医学诊断的情况下，错误的诊断结果可能会导致我们采取错误的治疗或根本不进行治疗。在不能确信诊断结果的情况下，分类器最好还是放弃判定，而等待医学专家来做决断。

对于语音识别，输入的是语音，类是可以读出的词汇。这里要学习的是从语音信号到某种语言的词汇的关联性。由于年龄、性别或口音方面的差异，不同的人对于相同词汇的读音不同，这使得语音识别问题相当困难。语音识别的另一个特点是其输入信号是时态的，词汇作为音素的序列实时读出，而且有些词汇的读音会较长一些。一种语音识别的新方法涉及利用照相机记录口唇动作作为语音识别的补充信息源。这需要传感器融合技术，集成来自不同形态的输入，即集成声音和视频信号。

还有离群点检测，即发现那些不遵守规则的例外实例。在这种情况下，学习规则之后，我们感兴趣的不是规则，而是规则未能覆盖的例外，它们可能暗示我们需要注意的异常。

3. 回归分析

回归分析是一种研究自变量和因变量之间关系的预测模型，用于分析当自变量发生变化时因变量的变化值，要求自变量互相独立。回归分析可以分为线性回归、逻辑回归和多项式回归等。

假设我们想要预测二手车的价格。该系统的输入应该是我们认为会影响车价的一些属性，比如品牌、车龄、发动机性能、里程或其他信息，而输出的则是车的价格。这种输出为数值的问题是回归(regression)问题。

例如，设 x 表示车的属性，y 表示车的价格。调查一下以往的交易情况，我们能够收集训练数据，而机器学习程序用一个函数拟合这些数据来学习关于 x 的函数 y。若 x 表示二手车的里程数，则拟合函数可以写成：

$$y = \omega x + \omega_0$$

我们可以利用以往的数据来求解其中 ω 和 ω_0 的值，进而求出这个拟合函数。

回归和分类均为有监督学习问题，其中输入变量 x 和输出变量 y 是给定的，我们的任务是学习从输入到输出的映射。我们的估计要尽可能地接近训练集中给定的正确值。刚才说的模型是线性的，最佳拟合训练数据优化的参数只有两个：ω 和 ω_0。如果模型是更加复杂的情况，那就要用更加复杂的拟合函数，比如二次函数或更高阶的多项式。

自动汽车导航也是回归算法的一个应用。其中，输出是每次转动车轮的角度。该角度使得汽车前进而不会撞到障碍物或偏离车道。在这种情况下，输入由汽车上的传感器(如视频相机、GPS 等)提供，训练数据可以通过监视和记录驾驶员的动作收集。

4. 非监督学习

在有监督学习中，我们的目标是学习从输入到输出的映射关系，其中输出的正确值已经由指导者提供。然而，在非监督学习中却没有这样的指导者，只有输入数据。我们的目标是发现输入数据中的规律。输入空间存在某种结构,使得特定的模式比其他模式更常出现,而我们希望知道哪些模式经常出现,哪些模式不经常出现。在统计学中,这称为密度估计(density estimation)。

密度估计的一种方法是聚类(clustering),其目标是发现输入数据的簇或分组。对于拥有老客户数据的公司,客户数据包括客户的个人统计信息及其以前与公司的交易信息,公司也许想知道其客户的分布,搞清楚什么类型的客户会频繁出现。这种情况下,聚类模型会将属性相似的客户分派到相同的分组,为公司提供其客户的自然分组。找出了这样的分组,公司就可能作出一些决策,如对不同分组的客户提供特别的服务和产品等。这样的分组也可以用于识别"离群点",即那些不同于其他客户的客户,这可能意味着一块新的市场,公司可以进一步开发。

4.4.3 机器学习与智慧农业

1. 机器学习在智慧农业中的应用

智慧农业(intelligent agriculture)将各种技术纳入传统农业实践,以提高农业生产力和效率可持续性。物联网等现代技术为智慧农业奠定了基础,实现了人力和物力成本的最小化,提高了农业生产率。物联网生成大量数据,可用于实践,如作物监测或疾病监测。分析对这些数据的解释有助于理解土壤等各种农业因素之间的关系特征和气候变量,有助于及时作出决策和规划。典型的决策支持系统已用于生物安全应用、质量保证、农场和资源管理以及土地使用。机器学习通过建模在这些决策支持系统中发挥重要的作用。

我们可以将智慧农业体系结构分为三层(如图 4-6 所示)。第一层是物理层,它代表靠近农场的元素。该层主要由传感器和执行器组成。第二层是边缘层,表示计算设备,用于本地或远程分析或解释在物理层中收集的数据,该层通常由具有低到中等计算资源的设备组成。第三层是云层,代表 IT 基础设施,支持数据的存储、处理和分析。云层通常由具有高吞吐量和大存储容量的计算资源组成。云层支持边缘层,根据物理层收集的数据对农场事务进行决策。

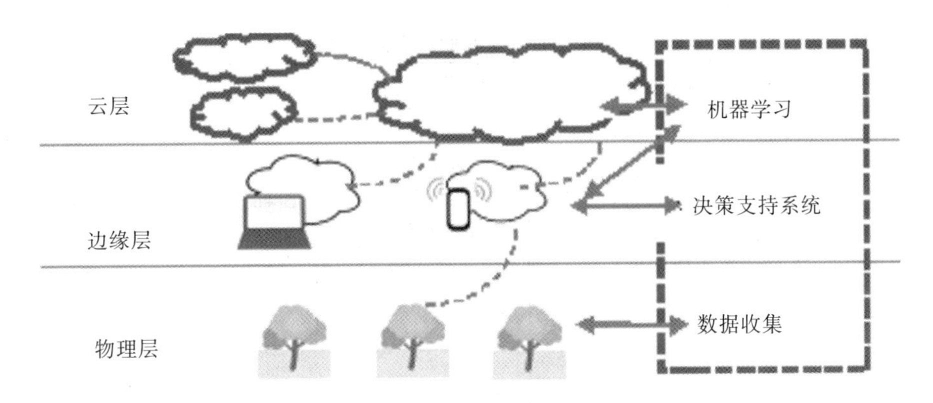

图 4-6　智慧农业体系结构

物联网在农业领域的应用非常重要。物联网的应用可以分为监测、预测/预报、控制和物流/文件任务等，使用的设备分别为车辆、空中拍摄设备和空中卫星等。监测收集各种参数，包括土壤数据，如湿度和化学成分；作物数据，包括叶面积和株高；气象数据，包括降雨和湿度等气象数据。例如，使用无线传感器网络监测以保护马铃薯免受真菌病害；使用土壤传感器进行土壤湿度的监测，并利用决策树的变体来处理数据，以促进灌溉规划。物联网设备称为执行器，提供远程控制以修改过程或环境。农业中的常见应用包括灌溉、化肥和农药的施用、照明和接入。应用物联网优化温室生长条件，如湿度、光度和灌溉。物联网使信息能够从生产者向消费者流动，如搬运、包装、运输和配送等信息。

2. 机器学习在农业数据分析中的应用现状

机器学习在农业数据分析中的广泛应用为农业部门的研究提供了支持，如表 4-1 所示。这些应用包括疾病检测、土壤分类和农产品分析等等。机器学习已被用于预测自然事件，如饥荒、干旱和霜冻。事实上，人们已通过早期预测霜冻对农作物造成的损害，通过识别天气因素之间的关系，设计了决策系统，对霜冻事件进行早期的二元预测。还有人提出了通过电子鼻收集各种气味，使用神经网络进行分析，将树木分类为健康树或感染树。人们还发现新系统与集成电路一起使用能够提高机器学习对受感染植物的识别率。

表 4-1　机器学习在农业数据分析中的应用

<table>
<tr><th>农业领域</th><th>应用方面</th><th>使用的机器学习算法(按照使用度降序排列)</th></tr>
<tr><td rowspan="4">土壤</td><td>土壤类型预测</td><td rowspan="4">决策树 DT、支持向量机 SVM、随机森林 RF、最近邻 KNN、贝叶斯网络 BN、逻辑回归 LogR、神经网络 NN、其他</td></tr>
<tr><td>土壤质地预测</td></tr>
<tr><td>土壤性质预测</td></tr>
<tr><td>土壤图制作</td></tr>
<tr><td rowspan="6">农产品分析</td><td>原产地预测</td><td rowspan="6">最近邻 KNN、支持向量机 SVM、随机森林 RF、决策树 DT、逻辑回归 LogR、神经网络 NN、贝叶斯网络 BN、其他</td></tr>
<tr><td>栽培品种/类型分类</td></tr>
<tr><td>成熟度/成熟程度分类</td></tr>
<tr><td>质量预测</td></tr>
<tr><td>营养预测</td></tr>
<tr><td>储存条件预测</td></tr>
<tr><td rowspan="3">产量</td><td>产量预测</td><td rowspan="3">决策树 DT、随机森林 RF、支持向量机 SVM、最近邻 KNN、贝叶斯网络 BN、神经网络 NN、其他</td></tr>
<tr><td>产量贡献者识别</td></tr>
<tr><td>收货时间预测</td></tr>
<tr><td rowspan="4">害虫管理</td><td>疾病预测/检测</td><td rowspan="4">决策树 DT、神经网络 NN、逻辑回归 LogR、随机森林 RF、支持向量机 SVM、贝叶斯网络 BN、最近邻 KNN、其他</td></tr>
<tr><td>真菌预测/检测</td></tr>
<tr><td>虫害预测/检测</td></tr>
<tr><td>除草剂抗性预测</td></tr>
<tr><td rowspan="4">自然事件</td><td>霜冻预测</td><td rowspan="4">决策树 DT、随机森林 RF、最近邻 KNN、支持向量机 SVM、神经网络 NN、贝叶斯网络 BN、其他</td></tr>
<tr><td>干旱预测</td></tr>
<tr><td>洪灾预测</td></tr>
<tr><td>山体滑坡易感性预测</td></tr>
<tr><td rowspan="8">其他方面</td><td>地下水潜力图制作</td><td rowspan="8">决策树 DT、神经网络 NN、支持向量机 SVM、随机森林 RF、最近邻 KNN、贝叶斯网络 BN、逻辑回归 LogR、其他</td></tr>
<tr><td>植物胁迫识别</td></tr>
<tr><td>土地覆被分类</td></tr>
<tr><td>作物类型分类</td></tr>
<tr><td>土地适宜性分类</td></tr>
<tr><td>灌溉评估</td></tr>
<tr><td>溪流建模</td></tr>
<tr><td>异质性分类</td></tr>
</table>

农业数据往往是不平衡的、稀疏的,并且充斥着各种各样的信息噪声。例如,在疾病预测中,数据通常是不平衡的,这会导致较差的分类模型或有时过于乐观的模型性能估计。此外,关于关键方面的评注,模型可信度非常有限。可信赖性对于农业社区采用机器学习驱动的智慧农业实践及其有效性至关重要。

4.5 农业智能决策

4.5.1 智能决策

随着大数据技术的快速发展,计算机存储和数据处理性能的极大提升,农业智能决策也得到了进一步发展。农业智能决策是智能决策技术在农业领域的具体应用。农业智能决策是指预先把专家的知识和经验整理成计算机表示的知识,组成知识库,通过推理机来模拟专家的推理思维,为农业生产提供智能化的决策支持。

4.5.2 智能决策支持系统

在实际应用中,智能决策需要在智能决策支持系统的辅助下进行。Scott Morton在20世纪70年代,提出了决策支持系统(decision support system,DSS)的概念。但该系统并不具备人的智能,缺乏知识和专家的支持,在处理不确定性的任务时想达到预期效果比较难。

20世纪80年代,Bonczek等将决策支持系统与专家系统(expert system,ES)相结合,用来解决定量问题、定性问题、半结构化问题和非结构化问题,这两种系统结合的构想实际上就是智能决策支持系统的初期模型。随着人工智能技术的不断发展,智能决策支持系统(intelligent decision support system, IDSS)思想逐渐成熟。

关于智能决策支持系统IDSS的定义,学者们对此有不同的理解。智能决策支持系统的一般定义是指人工智能(artificial intelligence,AI)和决策支持系统相结合而成的决策支持系统。它应用专家系统技术,通过逻辑推理的手段充分应用人类知识处理复杂的决策问题。IDSS最核心的思想就是结合人工智能和其他相关科学成果，使得DSS具有人工智能功能，决策水平得到较大的提升。

智能决策支持系统其实是一个发展中的概念，学者们将不同的理论与DSS结合还提出了群体决策支持系统（group decision support system，GDSS）、主动决策支持系统（active decision support system，ADSS）、自适应决策支持系统（adaptive decision support system）和分布式决策支持系统（distribute decision support system，DDSS）等概念。

4.5.3 智能决策支持系统的组成

如前文所述，智能决策支持系统主要是由决策支持系统和专家系统组成的。其中，决策支持系统主要由以下几个部分组成。

(1)人机交互与问题处理系统(由语言系统和问题处理系统组成)。

(2)模型库系统(由模型库管理系统和模型库组成)。

(3)数据库系统(由数据库管理系统和数据库组成)。

(4)方法库系统(由方法库管理系统和方法库组成)等。

专家系统主要由知识库、推理机和知识库管理系统三者组成。智能决策支持系统的基本框架如图4-7所示。

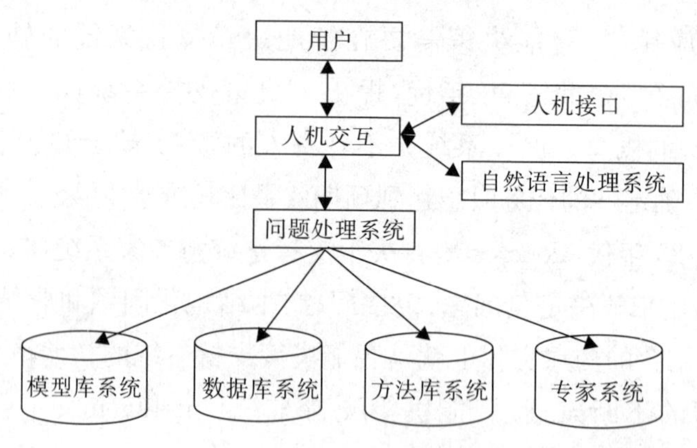

图4-7 智能决策支持系统的基本框架

4.5.4 农业智能决策支持系统的应用

农业智能决策支持系统以农业信息系统、作物模拟模型、智能决策支持系统和农业专家系统为基础，可应用于农业的各个领域，如作物栽培、植物保护、作物产量、配方施肥、病虫害预防和防治、农业经济效益分析、市场销售管理等。

利用地理信息系统（geographic information system，GIS）和智能决策支持系统（IDSS）可构建精准农业智能决策支持系统。系统包括农业区的基础地理信息、作物生产知识、关于作物生长养分需求的数学模型和分析方法，可实现农业作物决策的可视化和数字化，能够为精细农业变量施肥规划设计等提供决策支持，使本系统区别于传统的农业决策支持系统以及单纯的农业地理信息系统。

农业机械化是农业现代化的重要标志，将分布式 Web 技术移植于 IDSS 系统可开发农业机器选型智能决策支持系统，该系统应用数据库和现代网络技术，可为农民购机提供高质量、及时、有效的决策信息，也可为相关农业部门提供更精准的辅助决策帮助和科学决策，以提高农业信息服务水平。

此外，可将分布式人工智能中的 Agent 技术融入现代农业经济管理决策支持系统，建立基于 Agent 的农业经济智能决策支持系统。利用 COM 技术，可建立基于 COM 的水稻管理决策支持系统，实现栽培方法设计、专家知识咨询等主要功能。

第5章　智能种植

智能种植依托部署在农业生产现场的各种传感节点和无线通信网络，对现代农业生产环境进行智能感知和数据分析，可为农业生产提供精准化种植、可视化管理、智能化决策。

5.1　农田监测

5.1.1　农田物联网监测系统

农田物联网监测系统作为智慧农业中的重要分支，对农业的智能化发展具有关键的推动作用。农田物联网监测系统是指运用物联网技术对农田进行实时监测，对光照强度、CO_2 浓度、土壤温度、土壤湿度、土壤 pH 以及大田气候等环境因素进行数据采集，上传至物联网云平台进行大数据分析，从而对生产过程进行细致管理，对栽植、灌溉、施肥、施药和收获等农事作业过程进行记录和管理的服务，如图 5-1 所示。农田物联网监测系统通过信息采集、设备的自动控制、信息的发布与智能处理三个环节完成监测工作。

图 5-1　农田物联网监测系统

1. 信息采集

信息采集的设备主要是前端的传感器，其中包括土壤温度传感器、土壤湿度传感器、光照传感器、风速传感器以及雨量传感器等。将这些传感器放置在田地间对农作物生长环境进行监测，通过 ZigBee 或 LoRa 进行实时数据的反馈，网关将收集到的数据通过无线网络（3G/4G/5G）上传到服务器，从而为农作物生长提供精准的监测和科学依据，实现智慧农业的信息采集。

2. 设备的自动控制

设备的自动控制有灌溉系统和水肥一体化系统，前者是将水源过滤后精准传送至农作物的根部，后者则是和肥料一起传送至农作物的根部。这两套系统都是通过滴灌带对农作物进行灌溉的，可根据农作物所需的水分和养分，对其进行精准估算，然后将水分和养分定时定量且均匀地输送至农作物的根部，不会浪费过多的水肥资源。

3. 信息的发布与智能处理

信息的发布与智能处理包括视频监控系统、信息展示系统与应用软件平台三个部分。

视频监控系统：能够直观地监测农作物的状态，比如作物是否缺水，是否营养不够等。

信息展示系统：由监视器或液晶显示屏来实现，观察农作物情况。

应用软件平台：利用 3G/4G/5G 进行网络传输，通过电脑或手机端实时观察农作物的各项数据，管理人员可以根据数据对农作物进行操控，简单又方便，实现了将科学与农业相结合的智慧农业道路。

5.1.2　农田物联网监测感知技术

农业物联网是将大量的传感器节点组成监控网络，通过各种传感器采集信息，及时发现、定位并解决农田中发生的问题。农田环境信息感知的技术根本是传感器技术。传感器技术可实现对农作物的种植环境的全方向感知，包括农田土壤信息感知技术、农田环境信息感知技术、作物生长信息感知技术。

1. 农田土壤信息感知技术

土壤质量决定了当地人们生产和生活的方式，是人类赖以生存的物质基础。良好的土壤环境不仅能够促进农作物茁壮成长，还与人类身体健康有着密切的联系。随着科技的进步，对土壤各项信息的监测技术也逐渐走向现代化和信息化，以确保农业生产中土壤环境的质量。如图 5-2 所示，图 5-2(a)为奥地利 POTTINGER 公司的 TSM 车载综合土壤传感器，它可以实时地扫描土壤表层和深层土质结构以得到不同区块的压实度、含水率、电导率和土壤类型等；图 5-2(b)为美国精密种植公司的 Smart firmer 传感器，能够采集土壤的有机质含量、温度和湿度以及土壤的硬度信息。智慧农业的全球化推进促使农业从业人员、生产人员、各大研究机构以及大型企业等对土壤信息检测方法展开了大量研究。在土壤含水量检测方面，Antonucci 等使用主动红外热成像法实现了实验室和现场的土壤含水量的快速检测；蔡坤等分别基于 RC 网络相频特性以及 LVDS 传输线延时检测技术设计了土壤含水率传感器，两者相比，前者具有快速检测的优点，而后者在精准度上有更好的表现。在土壤有机质和化学元素检测方面，在国外，比利时列日大学的 Genot 等使用近红外反射光谱法检测土壤有机质含量；Hong 等采用毛细管气相色谱—电子捕获检测器和质量选择性检测器同时测定土壤浸出液中的二氯苯氧乙酸、二氯甲氧基苯甲酸和丙酸。

(a) TSM 车载土壤传感器

(b)Smart firmer 传感器

图 5-2　土壤传感器

在国内，邓小蕾和李民赞等基于卤钨灯光源和多路光纤法设计了土壤全氮含量检测仪；秦琳等利用杜马斯燃烧法和凯氏定氮法测定土壤有效态成分来分析标准物质的全氮含量，实现了土壤中氮元素的有效检测；王儒敬和张俊卿等设计了土壤钾离子非接触电导检测装置，并基于光谱、卷积神经网络、深度稀疏学习等方法对土壤全钾含量进行预测；李颉和张俊宁等利用近红外光谱法分析了北京典型耕作土壤的养分信息，研究了基于激光诱导击穿光谱的土壤钾元素检测方法，同时，应用傅里叶变换近红外光谱技术分析了土样的全钾含量；代艳娜等通过将同位素内标法定量结合超高效液相色谱—串联质谱法，建立了测定土壤中灭蝇胺及其代谢物残留的方法；杨学灵等建立了用超声提取土壤和沉积物中异丙胺的分析方法，该方法具有回收率高、精密度好和准确度高的优点。在土壤信息的传输和反馈方面，陈二阳等针对传统的土壤环境参数物联网采集模块存在的可扩展性低、实时性差、数据可靠性不高等问题，以 CC2530 芯片为 ZigBee 组网核心，以 STM32 为 MCU，使用 JSON 刻画传感器的参数和状态数据，提出了一种基于感知源信任评价的可靠数据保障模型；岳学军等设计了一种基于土壤墒情的自动灌溉控制系统，该系统能准确监测土壤墒情信息并通过采集节点经互联网上传至服务器，实时性强，控制性能好；彭炜峰等优化了丘陵地区农田土壤信息监测系统，能够对山地农田各区域进行土壤酸碱度实时监测。

2. 农田环境信息感知技术

农田环境信息感知包括对农业生态环境实时监控和农业生产活动相关的环境监测。通过对与植被和农作物生长密切相关的水、气、光照、热量等农业气象环境因子进行监测并采集信息，及时掌握大田的环境数据，从而为农业生产等相关管理工作提供相应的科学数据和决策依据。典型的延伸应用有大田气候科学研究、农业气象预报服务、农业灾害预警服务、农田小气候监测系统等。图 5-3 展现了一些常见的监测气象站。

(a)空气质量监测气象站

(b)农田气象监测站

(c)农林小气候采集气象站

图 5-3 农业气象站

目前，温室气象感知技术已经很成熟且有很多成功的实践案例。孙通等在大棚温室环境下，借助于农业气象物联网技术，使得各个温室成为无线传感器网络检测控制区，能够全面测控蔬菜大棚中的环境变量（如温度、空气中的水汽含量、通光量等)，达到有效改进蔬菜品质和调整生长周期的目的。蔡坤等设计了一种基于误码检测机制的红外光雨水传感器，解决了传统雨水传感器在滴灌系统应用中只能监测降雨的开始而不能监测降雨结束的弊端，可以全面监测雨水给农田环境带来的影响。王斌等针对中小型养殖场的实际需求，利用PLC及触摸屏设计了一个自动测控系统，实现对猪舍内温度、湿度和氨气浓度等环境生态参数的监测。Yue等利用静电纺丝简单、低成本以及多功能的优势，设计了基于ZnO-TiO_2纳米纤维静电纺丝的高性能湿度传感器，该传感器在相对湿度为1%～90%的变化范围内具有高灵敏性。对于大规模农田种植，农田环境和气象监测的研究不仅可以让农业生产者预测未来的气候变化，更好地控制生产活动，提高产量，而且也使现代化农业、智慧农业迈出了一大步。农田环境和气象监测工作涉及范围比较广、涉及的内容也较多，具有数据量大的突出特点。卫星遥感监测技术和物联网地面覆盖监测技术为农田环境和气象监测提供巨大的助力，是现在以及未来研究的必然方向。前者具有探测范围广、信息反馈快、全局性把握强等特点，能够快速、准确地收集农田整体气象特点，分析未来气象趋势；后者是基于"3S"技术、网络技术、物联网技术及各类农业传感器构建的地面传感网，能够对农田地表各类环境指标全面覆盖、精准监测，具有较强的系统性。

3. 作物生长信息感知技术

无论是对农田土壤还是对空气环境进行监测，其根本目的都是为了作物有一个良好的生长发育状况和长势。作物的生长特性反映了其内部生理状态和外部形态特征，对作物生长过程中的生理生长状态进行监控有助于指导农业生产活动。图5-4展示了一些常用的作物生理生长状态的感知手段和相关传感技术。

(a)叶面感知

(b)植物径流感知

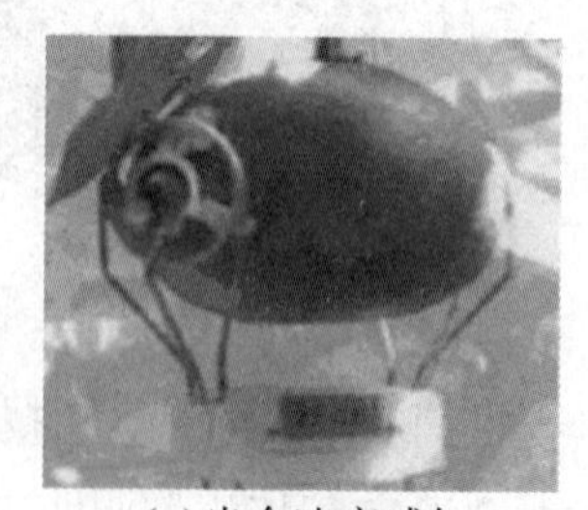

(c)光合速率感知

图5-4 作物生理状态感知技术

植物生长的内部生理状态主要表现在径流速度，激素、葡萄糖、叶绿素等小分子浓度的变化和 pH 的变化。径流速度感知主要采用热技术方法，包括热扩散、热平衡、热场变形等方法。激素类感知主要采用电化学的方法，其优点是灵敏性好、测量范围大、准确度高以及成本低。葡萄糖检测的经典方法是利用葡萄糖氧化酶催化葡萄糖氧化，生成过氧化氢，再用辣根过氧化物酶催化，生成有色产物，然后再用分光光度法进行检测，该方法的主要缺点是易产生致癌物质污染环境。在叶绿素的检测中，常常运用光谱技术结合超声波、图像处理、机器视觉等方法来进行，Jones 等使用多光谱成像传感器检测叶绿素含量和浓度，并且使用超声波传感器估算植被高度以提高叶绿素含量检测精度；Baresel 等将光谱技术和数字图像处理技术结合用于叶绿素含量检测；孙红等研究了基于近红外光谱技术的叶绿素含量检测方法；岳学军等基于高光谱构建了柑橘叶片中叶绿素无损检测模型，可快速无损地对柑橘叶片叶绿素含量进行精确的定量检测，为柑橘不同生长期的营养监测提供理论依据。在叶片其他元素含量的检测方面，冯伟等基于高光谱遥感特征进行小麦叶片含氮量检测、小麦氮素积累动态检测等技术研究；黄双萍等和岳学军等分别构建了基于高光谱的磷元素预测模型、基于流形学习算法的柑橘叶片氮含量估测模型以及基于反射光谱的钾水平预测模型，试验的相对误差小、预测模型可靠，为作物生理感知技术的进展提供了技术基础。

外部形态主要表现为叶面积、根茎、杆径特征，叶面积的测量大多采用激光传感器来进行。这种传感器可以通过扫描植物冠层和叶片结构来快速获取叶片表面的点云数据，这些点云数据体现了叶片的生长规律，非常适用于建立模型和后续分析。其他的一些外部特征如根茎、杆径、果径等也有大量的检测方法，如陈学深等在研究水田环境下稻株的识别和定位问题时，提出了一种触觉感知方法，根据稻草辨识的力学差异及除草的生理高度，确定了感知梁的抗弯刚度，并进行了传感器标定。

5.2 病虫害诊断与预警

农作物病虫害是影响农业生产的主要生物灾害，其类型繁多、灾害性强且影响广泛，是导致农产品减产和品质下降最重要的因素之一，长期以来一直是农业生产难以解决的问题，也是制约高产、优质、高效农业持续发展的主导因素之一。据联合国粮食及农业组织(Food and Agricalture Organization of the United Nations，FAO)调查，全世界每年因病虫害引起的粮食减产占粮食总产量的20%～40%，经济损失达1 200亿美元。在我国，每年发生的病虫草害面积达2.36亿公顷，每年因此损失粮食15%左右、棉花20%～25%、果品蔬菜25%以上。农作物病虫害不仅会导致农产品产量和质量的下降，还会因病虫害防治造成农药的过量使用，既增加了农业生产成本又给生态系统带来了负担。对作物病虫害状况进行准确、快速、可靠的判断是实施变量施药，有效进行精准病虫害防治的基础。因此，对植物病虫害的深入探究对于我国乃至世界农业经济的发展具有十分重要的意义。

目前传统的农作物病虫害检测方法，如肉眼观察法，统计学方法，基于农业专家系统的作物病虫害检测和基于化学、分子生物学的检测等依然是实际生产中的主流检测方法。

5.2.1　物联网病虫害监测、诊断与预警系统

利用物联网技术动态监测田间农作物的病虫情、墒情、苗情及灾情的监测预警系统由物联网虫情分析测报仪、远程无线自动气象监测站、苗情灾情监控摄像头、预警预报系统、专家咨询系统、用户管理平台等组成，如图5-5所示。用户通过移动端和PC端随时随地登录自己专属的网络客户端，访问田间的实时数据并进行系统管理，对每个监测点的环境、气象、病虫状况、作物生长情况等进行实时监测，结合系统预警模型，对作物实时远程监测与诊断，并获得智能化、自动化的解决方案，实现作物生长动态监测和人工远程精准管理，保证农作物在适宜的环境条件下生长。

1. 远程虫情分析测报系统

远程虫情分析测报仪利用现代光、电、数控技术，实现了在无人监管的情况下，能自动完成诱虫、杀虫、收集、分装、排水等系统作业，通过GPRS移动无线网络，定时拍照采集接虫盒内收集的虫体图片，自动上传到远程物联网监控平台，平台每天自动记录采集数据，形成虫害数据库，并通过数据列表和图表的形式展现，工作人员可随时远程了解虫体的情况和变化，制定防控措施。

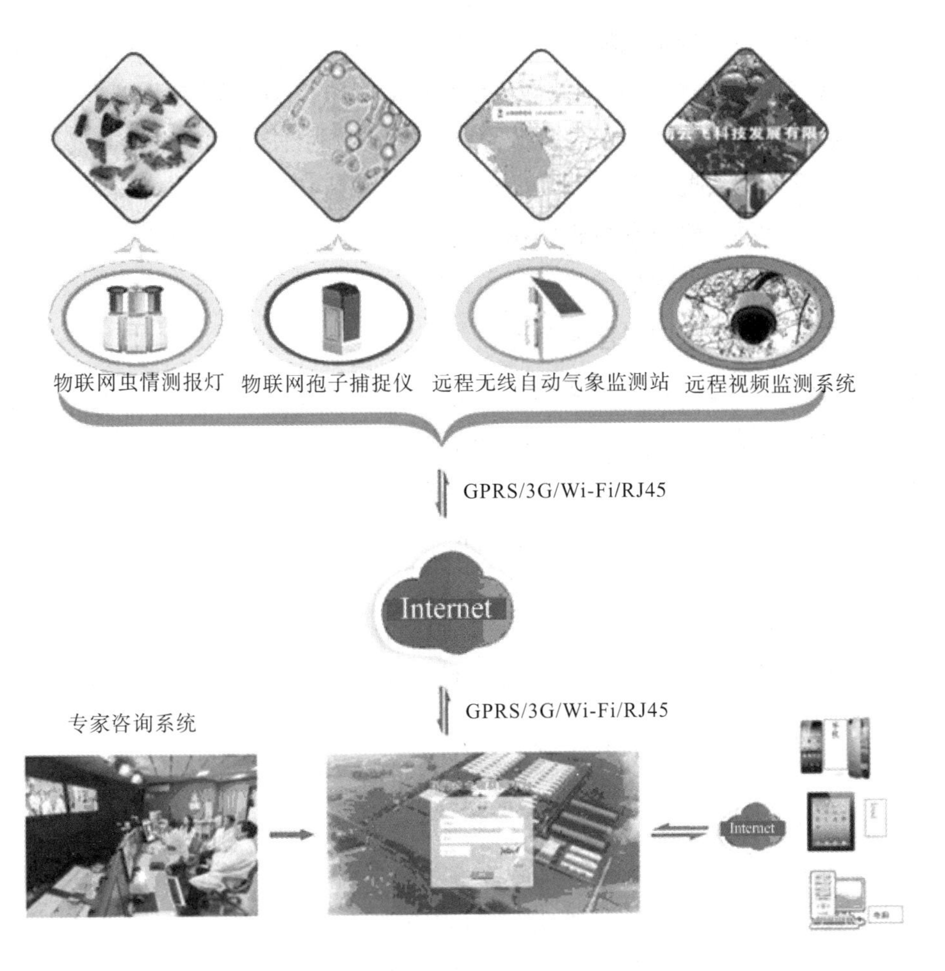

图 5-5　农作物病虫害实时监控、诊断与预警系统

2. 田间病害诊断设备

固定式孢子捕捉仪，主要用于监测病害孢子存量及其扩散程度，可检测随空气流动、传染的病害病原菌孢子及花粉尘粒，通过收集病害病原菌孢子及花粉尘粒，在实验室进行培养，并通过显微镜分析研判是否发展成植物病虫害，为预测和预防病害流行、传染提供可靠数据，是农业植保部门应当配备的农作物病害检测专用设备。

3. 田间自动气象数据监测系统

田间自动气象监测站广泛应用于农、林行业的植保推广、科研和教学单位病虫研究和病虫测报领域。仪器采用先进的微型控制器技术，与计算机连接，实现病虫害测报需要的区域性气象数据的定时自动采集、处理和储存，具有单机累计存储365天和信息资源网络共享等功能，使用者可根据需要选择时间和项目查看数据，同时可将小气候数据导出到Excel中进行编辑，按需要生成图表，分析、研究农林病虫在不同气候条件下的发生规律，快速实现数据的统计分析和准确预报。

4. 农林生态远程实时监控系统

农林生态远程实时监控系统主要用于农林病虫的远程诊断、预测、预报、预警、研究和监测控制等工作领域，通常为专用采集卡及软件，与计算机配套使用，可与田间小气候自动观测仪、自动虫情测报灯等产品配合使用。设定单个或多个可视化通道监测植物的生长、病虫的数量和种类等数据，还可通过互联网实时传输到相关地区和部门，快速准确地预测预报监控区的病虫害发生动态、环境因子，分析种群的空间格局。植保专家远程实时遥控诊断，可根据监测到的害虫、天敌数量的多少，提出防治方案，以维护生物链的平衡。

5.2.2 病虫害感知技术

目前，病虫害的检测方法主要有荧光光谱法、高光谱成像法、可见近红外光谱法和数字图像处理法等。光谱技术对苹果、柑橘、枣等虫害的无损检测效果良好。在病虫害监测中，向量机的使用也是一大热点，Griffel等基于光谱特征使用支持向量机来检测感染病毒的马铃薯植株；Romer等基于荧光光谱特征使用支持向量机来检测小麦叶锈病；Kaur等使用图像处理法和支持向量机技术对植物的叶面图像检测，并以此判断植物病变情况，计算患病面积的百分比。许良凤等研究了基于深度学习的病虫害智能化识别系统，使用多分类器融合的方法对玉米叶部病害进行识别，构建病害的深度学习模型，该模型能较好地判断和预测玉米叶片受病虫害的概率和面积。与物联网技术的结合是作物病虫草害防治的发展趋势，赵小娟等设计了基于物联网的茶树病虫害监测预警系统，该系统将多媒体、计算机图像识别、GIS等技术和自动性诱仪、高清摄像机等硬件设备相结合，实现了茶园环境数据、病虫害信息的自动化监测；朱静波等在病虫草害监测和预警中应用无线传感器网络，首创汇聚节点预处理原始数据的方法，减轻了数据传输的负担。

作物病虫害信息的及时获取是作物病虫害防治的基础。但要满足现代化农业的发展需要，就必须克服传统的检测方法存在的工作量大、覆盖面积小、效率低、成本高、实时性差等缺点。而目前国内外所研究的机器检测作物病虫害还处在实验室研究阶段，离实际应用还有一定的距离。其难点主要存在于三个方面：田间环境复杂、干扰因素多；叶片互相遮挡大大增加了机器识别的难度；无法确定作物虫害的发生部位（主要分布在叶片表面、叶片背面及作物茎部），很难用单一的机器进行检测。因此，需要考虑多种技术相结合以提高作物病虫害检测的效率和精度。

5.3　自动灌溉

5.3.1　土壤墒情监测系统

土壤墒情监测系统的建立对提高农牧业抗旱管理水平、快速掌握土地旱情动态、避免或减少旱灾造成的损失是十分有必要的。土壤墒情监测系统主要组成包括土壤水分监测站、监测信息收集网和监测信息收集加工处理中心。该系统可收集各监测站测得的不同深度土壤水分数据，形成监测区域内的土壤水分数据库，对监测数据进行加工处理和分析，生成各种加工产品，对土壤墒情监测、农田合理施水、宜种作物选择、旱情预测等提供即时有效的服务。土壤墒情监测系统还可以对土壤墒情（土壤湿度）进行长时间实时性的连续监测，用户可以根据监测需要，将传感器布置在不同的深度，对不同剖面土壤水分情况进行监测，同时，可以根据监测需求增加监测不同参数的传感器，如土壤温度、电导率、pH、地下水水位、地下水水质、空气温度、空气湿度、光照强度、风速风向、雨量等传感器，从而满足系统功能升级的需要。整套土壤墒情监测系统在反映被监测区的土壤变化中做到了全面、科学、真实，对各监测点的土壤墒情状况的实时监测做到了准确、及时，为农田监测的减灾抗旱提供了重要的基础信息。土壤墒情监测方法可以分为三类。

第一类为移动式测墒监测技术，该技术采用便携式仪表在不同采样点进行不定期、不定点的测墒，然后通过数理统计分析和地统计分析得到区域内的土壤墒情。移动式测墒监测技术在田间和小区域内的墒情监测与分析中应用广泛,具有费用低、应用灵活等优点,但是不适用于大范围连续的土壤墒情监测。

第二类为遥感监测墒情,利用卫星和机载传感器为检测工具,从高空对地面土壤水分分布进行遥感监测。遥感测墒适用于实时、大面积的监测,但是遥感测墒准确度不高。

第三类为固定站监测墒情,先在目标区域内建立多个固定测墒点并组成土壤墒情监测网,利用无线传感器网络技术将各固定站连续测量的土壤墒情数据汇聚到土壤墒情监测中心,实现远程实时控制,然后利用空间插值法得到目标区域内的土壤墒情。固定站测墒不仅能够提高监测精度,而且能够长期连续监测,在上述三类方法中具有显著优势。

5.3.2 自动灌溉

土壤墒情信息是制定作物生长季灌溉计划和开展防旱抗旱的重要基础信息,也是农田土壤墒情监测、精量灌溉和建设节水农业的重要基础。精量灌溉是农田土壤墒情监测的重要目的,墒情监测结果可为精量灌溉实现适时性和适量性提供决策依据,是实现精量灌溉的关键技术手段。

我国农田空间分布范围广,农田土壤墒情监测范围广大,各地土壤质地、地形条件、气候条件、种植作物等影响土壤墒情的环境因子差异大,因此,农田土壤墒情监测布设样点多。同时,土壤墒情监测需要时间上的连续性,监测周期长,设备和人力投入巨大。因此,我国农田墒情监测具有范围大、布点多和投入高的特点。

农业自动化灌溉系统是为实现节水灌溉而设计的,该系统采取因地制宜的原则,依据不同地区、不同作物的不同需求,选择不同的灌溉设施,并利用计算机、无线数据通信、采集控制器、传感器等先进技术对农田灌溉进行监控管理,保证适时、适量地提供作物生长所需要的水分,实现了自动化节水灌溉。

农业自动化灌溉系统按功能可分为土壤墒情监测系统、气象监测系统、浇灌控制系统、云端数据处理系统,如图 5-6 所示。检测系统将检测到的数据通过通信协议信号传输至网关,网关将数据上传至云平台进行对比分析处理,当检测数据小于或大于设置阈值时,云端平台会向终端下发指令,用户也可通过客户端下发指令，实现精准浇灌。

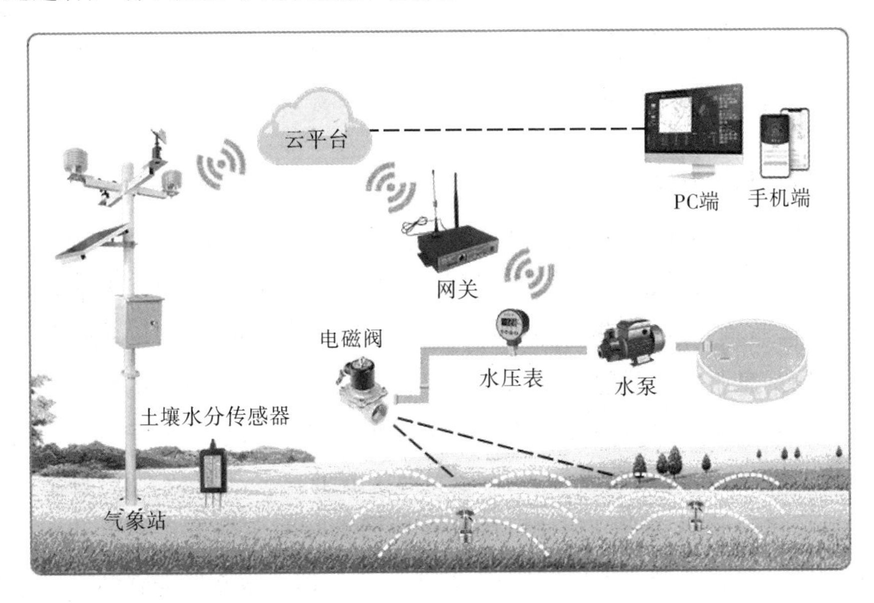

图 5-6　农业自动化灌溉系统

土壤墒情监测系统由网关设备、LoRa 传输设备、土壤温度传感器和土壤湿度传感器组成，主要针对土壤水分进行采集与处理。网关设备支持本地轮询采集，规则可设，可采用云平台管理，它将前端设备采集到的数据利用无线通信终端，通过 4G 网络传送到云平台，实现分布监控、集中控制和管理的功能。

气象监测系统由网关设备、气象传感器、电源主控箱和立杆支架组成。集气象综合数据采集、传输、云端管理的无人值守解决方案于一体，能够通过对网关设备设置轮询采集规则，全天候不间断地、准确地采集农业气候（大气温度、大气湿度、大气压强、光照强度、降水量、风向、风速），并及时通过 4G 网络传输到云端平台，形成数据报表，全面、直观地呈现各个监控站点的农业综合数据及其变化情况，稳定、准确、可靠地实现区域性智慧农业数据监测。

浇灌控制系统能够实现远程控制，可以通过手机电脑实现对相应电磁阀的远程开关。具有智能自动灌溉、定时自动灌溉、手动灌溉、定量自动灌溉、循环灌溉等多种模式，用户可根据需要灵活选用。

云端数据处理系统主要对区域内土壤墒情监测站远程监控，对土壤墒情等数据进行接收、判错、存储，实现实时数据的显示、查询、统计、分析、决策，以及自动灌溉执行单元的远程控制等功能。

5.3.3 功能设计

1. 墒情与灌溉实时监测

墒情与灌溉实时监测可以自动接收、海量存储、在线处理、高可视化地展示灌溉感知信息，提供全方位灌溉信息的实时监测，包括墒情监测、农田环境监测、苗情监测、灌溉设备监测、视频监测五个灌溉监测主题，可实时获取并发布监测信息服务，提供按照时间、空间、适宜度综合处理分析的数据变化分析服务。监测服务范围通过注册监测站点和感知设备确定，服务可面向监测区域内的农场、农户等农业生产者，以及有关农业生产部门、农业管理部门。

墒情实时监测功能包括：(1)接收并处理物联网传输平台传送的4层深度的土壤水分和土壤温度监测数据，并按照标准格式写入监测数据库；(2)在地图上用动态图片或渲染的方式实时展示墒情监测结果；(3)以列表、地图、专题图的形式展示不同范围不同时间段各监测点的墒情监测结果；(4)以曲线、图形等形式提供不同范围、不同时间、段各监测点、各监测项目的变化趋势分析；(5)通过图标闪烁、在线消息、手机短信、移动端消息推送等方式提供墒情适宜度异常提醒功能；(6)提供墒情监测数据标准Excel文件输出功能，并可在线预览、打印及离线保存。

农田气象与环境实时监测功能包括：(1)接收并处理物联网传输平台传送的空气温度、空气湿度、风速、风向、太阳辐射、降雨等农田环境监测数据，并按照标准格式写入监测数据库；(2)以列表、地图、专题图的形式提供不同范围、不同时间段各监测点的区域农田环境监测结果；(3)以曲线、图形等形式提供不同范围、不同时间段各监测点、各监测项目的变化趋势分析；(4)提供农田环境监测数据的标准Excel文件输出功能，并可在线预览、打印及离线保存。

苗情实时监测功能包括：(1)接收并处理物联网传输平台传送的苗情监测站点图像信息、作物冠层温度信息，并按照标准格式写入监测数据库；(2)以列表、地图、专题图的形式提供不同范围、不同时间段各监测点的区域农田环境监测结果；(3)以曲线、图形等形式提供不同范围、不同时间段各监测点、各监测项目的变化趋势分析；(4)提供农田环境监测数据的标准Excel

文件输出功能,并可在线预览、打印及离线保存;(5)为第三方提供图像处理、分析的接口,为实现进一步的数据挖掘和应用提供技术支持。

灌溉设备实时监测功能包括:(1)以在线地图方式提供灌溉控制设备的分布和布设信息;(2)提供放大、缩小、平移、点选、框选、定位等通用 WEBGIS 功能;(3)提供属性和图形双向查询和地图定位功能;(4)以动态图片或地图渲染的方式展示灌溉系统中阀门、喷头等设备的工作运行状态;(5)通过图标闪烁、在线消息、手机短信、移动端消息推送等方式提供灌溉系统异常状况自动报警功能。

视频实时监测功能包括:(1)远程实时监控,实时接收监测视频图像信息;(2)接收通过物联网传输平台远程传送的视频图像,并以文件的形式保存至服务器;(3)实现对灌溉井房摄像头的控制(左右、上下、远近景、调焦等)、画面切换的控制及录像控制。

2. 灌溉控制服务

灌溉控制服务针对棉花、小麦等主要粮食作物,基于灌溉实时监测服务,结合作物生长模型、需水模型与生产经验,推算灌溉时间和灌水量,制定智能灌溉计划,通过无线灌溉控制技术,实现大田农产品灌溉水量的智能分析决策和远程控制。服务面向区域内农场和农户,服务能力决定于服务所依赖的自动化控制设施水平,还可根据实际情况定制相应等级的灌溉控制服务,根据科学的灌溉计划指导农业生产,实现适时灌溉、适量灌溉。

灌溉控制服务可基于传感器和作物生长模型,推算科学的灌溉时间和灌水量,制定智能灌溉计划,还可以基于作物生长阶段和周期灵活配置灌溉计划,定制区域传感器和作物生长模型,用户还可以通过模型定制界面灵活配置灌溉模型。

灌溉控制服务可根据智能灌溉计划服务,按照物联网传输平台数据传送要求,自动向指定灌溉设备发送灌溉控制指令信息,遵从水利规划设计方案,把灌溉阀门编入轮灌组,实现轮灌制度。按照物联网传输平台数据传送要求,向指定灌溉设备发送灌溉控制指令信息,控制灌溉阀门的启闭。

5.4　石斛物联网

石斛是一种我国特有的珍贵中药，其野生生长条件十分苛刻，主要分布于西南和江南各省海拔 600～2 500 m 的山谷半阴湿林中的树干或岩石上。作为一种名贵药材，铁皮石斛具有抗肿瘤、抗衰老、滋阴补肾、健脾养胃、润肺生津等功效，可用于治疗慢性萎缩性胃炎、糖尿病、高血压等疾病，目前在国内被大量人工培植。石斛有很高的药用价值，而不同品种的石斛对种植环境有不同的要求，只有满足石斛的生产环境，才能保证其量产，但现实中很难快速有效测得适合石斛生长的条件，如空气温度、土壤湿度、土壤温度、湿度、光照强度和土壤 pH 等实时环境数据。现有的种植方式，一般就是直接在大棚或室外进行种植，在不能确定其生长环境条件时，会造成石斛产量低，甚至大面积死亡。因此，需要一种可对不同品种的石斛进行种植实验，快速通过控制变量的方式，进行批量的对比实验，通过控制单一变量来测得最佳生长环境条件的实验方法。如控制空气温度不变，对土壤温度、湿度、光照强度和土壤 pH 等数据进行调整对比，能快速得到最佳的效果，最后得到一组最适合该品种石斛的空气温度、空气湿度、土壤温度、土壤湿度、光照强度和土壤 pH 的生长条件，将该条件应用至温室大棚，就能保证石斛的量产，或改变室外种植的某一条件，就能很快地提高产量。而现有的一些设备，虽然可以检测相关数据，但是缺少历史数据对比、大数据分析，实时监控和远程监控处理，不能满足物联网的使用需求。基于此，我们设计了一种种植实验棚系统，该系统结构简单、造价低，能快速控制单一变量进行实验，数据还可以实时远程监控、进行事实对比和实时物联。

5.4.1　高品质铁皮石斛品种筛选

铁皮石斛资源受到野生资源的种类、亲缘关系、分类地位、蕴藏量及生态地理环境等影响。由于铁皮石斛自花基本不育，因此，虽然研究者一直致力于将人工杂交技术运用在其繁殖上，但是收获甚微，自然结实依然主要借助于昆虫这一媒介进行传播授粉，导致结实率很低的现状无法突破，使得铁皮石斛濒临灭绝。另外，昆虫传播授粉还存在一个弊端，即无法控制父本而导致目前栽培的铁皮石斛品系比较复杂，存在品种内一致性差、世代之间遗传稳定性差等问题。因此，铁皮石斛种质资源的引种筛选意义重大。

5.4.2　田间生态指标观测

通过对铁皮石斛的种质资源进行调查和市场分析，初步选定用于种植的铁皮石斛品种。种植场地要求周围无污染源，配备遮阳网、喷雾系统及通风设备。分别记录不同品种的各项生长指标，包括叶色、形态、叶长、叶宽、茎秆长度和茎秆粗度等。通过对各个品种的叶面积、叶长宽比、茎长、茎粗指标的对比，初步筛选出生长性状优良的品种。

1. 有机物质含量的测定

铁皮石斛的品质取决于有效成分的种类及含量，主要是多糖类、氨基酸及微量元素。不同铁皮石斛种类差异十分显著。对经过田间生态指标筛选出的优良品种进行有机物质含量的测定，以进行进一步的筛选。

2. 多糖

一般常用多糖含量的高低来衡量铁皮石斛质量的好坏，因为铁皮石斛中的多糖类成分具有抗肿瘤和增强免疫的作用。铁皮石斛生理活性的强弱与其多糖含量密切相关，多糖含量越高、质越重，嚼之越有黏性、质量更优。

3. 氨基酸

氨基酸是人类必需的营养成分，铁皮石斛含有 16 种氨基酸，分别为谷氨酸、天门冬氨酸、甘氨酸、缬氨酸、亮氨酸、苏氨酸、丝氨酸、丙氨酸、胱氨酸、蛋氨酸、异亮氨酸、赖氨酸、组氨酸、精氨酸、脯氨酸、酪氨酸等，其中谷氨酸、天门冬氨酸、甘氨酸、缬氨酸和亮氨酸等主要氨基酸的含量非常接近，总和占总氨基酸含量的 53%。人体必需的氨基酸中除了色氨酸，其他铁皮石斛均含有，某些氨基酸还具有生物活性和疗效。氨基酸的组成特性使铁皮石斛具有性味甘淡微咸的特点。可采用 GB 5009.124-2016 国家标准规定的方法，用氨基酸自动分析仪测定铁皮石斛中氨基酸的含量。

5.4.3　种苗选择

把经过田间指标和有机物质检测筛选出的高品质铁皮石斛品种进行组

织培养，其中，用于栽培种植的就是组培驯化苗，驯化苗移栽的成活率是组培苗移到大田栽培的过程中最为关键的指标，一般移栽出瓶的标准是苗根系长到 2 cm 左右。移栽前，先将瓶口敞开进行炼苗，按照循序渐进的原则慢慢加大敞开程度，置于室温下让其适应自然的温湿度条件，一般炼苗时间为 4～6 日。待苗适应自然条件后，用镊子取出带有培养基的幼苗，为防止琼脂发霉引起烂根，需将幼苗置于清水中进行清洗。同时，为了方便栽培管理，提高成活率，洗苗时需顺带对苗进行分级，一般分级参照幼苗的大小和健壮程度。铁皮石斛具有较强的群体生长效应，为了防止植株生长严重恶化，切忌将株丛拆分成单株栽植，最好采用丛植的种植方式。

5.4.4 智能物联网栽培管理系统

利用智慧农业物联网生产系统对铁皮石斛的生长过程进行全程监测和反馈操作，筛选出铁皮石斛生长的最适环境因子组合，进行新型栽培技术的优化。智慧农业系统将物联网布设于田间的目标区域，其中的物联网应用系统包含 4 个子系统，分别为传感信息采集和传输系统、视频监控系统、信息管理与分析系统以及控制系统。

1. 传感器信息采集和传输系统

传感器信息采集和传输系统由以下几个部分组成。一是传感器，包括温度传感器、湿度传感器、光照传感器、CO_2 浓度传感器、土壤 EC 传感器、土壤 pH 传感器、土壤温度传感器、土壤水分传感器等，用户可根据需要增减。二是现场无线变送器，现场无线变送器将传感器信号经调理后通过无线网络发送出去，每个现场变送器可接多路传感器。三是无线路由器，用于无线信号中继。四是现场监控主机，即通信网关，可实现现场无线网络与 GPRS/3G 公网的信息转换。五是网络融合，用于将采集的数据信息接入智慧农业平台服务器。六是 LED 屏幕，用于接收并显示各路传感器的实时信息，便于农户随时观察各种环境参数。七是智慧农业平台服务器，将其安装在电信服务器机房内，用户可通过浏览器或手机访问该服务。

2. 视频监控系统

该系统采用高精度网络摄像机，系统的清晰度和稳定性等参数均符合国内相关标准。摄像机的图像上传至网络视频服务器，用户可以借助于电脑或手机随时随地查看温室内的实际影像。

3. 信息管理与分析系统

在服务器上建立智慧农业信息管理平台，通过该平台可以对被测对象进行实时数据监控、历史数据存储、数据挖掘与曲线分析、报警管理以及综合管理。用户可以根据对各种数据的观察和分析，进行栽培过程的控制决策。同时，系统也可以智能地根据已有的算法自动向控制系统发出各种动作指令。

4. 控制系统

该系统的组成结构主要包括控制设备和相应的继电器控制电路，通过继电器可以实现对喷淋、滴灌等喷水系统以及各种农业生产设备的自由控制。控制系统既可以通过智能分析系统实现自动调控，也支持采用人工方式对设备进行操作。

5.4.5 物联网系统的栽培管理调控

物联网传感器的网络节点可大量、实时地采集环境信息，包括温度、湿度、光照、气体浓度等内容，同时还能精确地获取土壤信息，包括土壤水分、温度、电导率、pH 等内容，然后在数据汇聚节点将这些信息汇集，为种植环境的精确调控提供可靠依据。通过将获得的多环境因素优化控制模型转化为具体控制算法，在铁皮石斛生长的各个环节根据检测到的环境因子参数，对比数据库中的最适环境参数范围，实现执行设备打开关闭的自动化，从而实现栽培环境调控的智能化。所有传感器数据全部存储在服务器中，形成物联网数据库。当用户需要查询的时候，系统不仅可以通过各种报表向用户直观地展示空间分布状况（场图）和时间分布状况（折线图），而且可以提供日报、月报等历史报表，帮助用户进行数据分析和研究。同时，用户也可以根据长期大量数据的分析，更加深入地了解多种环境因素与作物生长过程，进而对环境优化控制模型进行不断改进和完善。铁皮石斛属于阴生植物，最佳生长条件为凉爽、湿润、空气流通的区域，因此，铁皮石斛在栽培养护时，要注意控制好水分。当物联网的实时监测数据显示植株周边空气湿度低于 30％时，系统会自动启动喷雾系统增加空气湿度；当土壤含水量低于系统设定的临界土壤含水量时，喷灌系统会自动打开，进行灌溉。铁皮石斛生长比较缓慢，不需要施过多的肥料，其根、茎、叶可以吸收空气中的养分，并将养分积累成对自己有益的有用成分，如果频繁施入养分，可能会影响铁皮石斛的生长，因为过多的养分会造成基质表面发绿结痂而影响基质的透气性。但基于铁皮石斛自然生长速度较慢的现状，必须适时、适量地提供养分，以促进铁皮石斛的生长，物联网系统会在土壤 pH、EC 发生变化时，通过数据分析，自行判断和反馈需要施肥的种类和数量来进行施肥。

目前，在铁皮石斛的组织培养和人工栽培方面已经有较为深入的研究，而且硕果颇丰，如运用现代生物技术与现代互联网技术相结合的方法，以木框为附主植物的仿野生栽培，既还原了铁皮石斛的野生生长环境，又节约了生产成本，并使其种植成活率明显提高。仿野生铁皮石斛栽培模式实施"智能化物联网"管理，对后期管理质量及效率的提高具有明显的作用，形成以"互联网＋仿野生"为主导的种植理念，与目前社会上铁皮石斛大面积大棚种植及人工栽培管理的模式相比较，具有明显的优越性。

5.5 智慧园艺

改革开放以来，中国园艺产业的发展速度一直很快，并取得了举世瞩目的成就。以蔬菜生产为例，近些年，我国蔬菜面积和产量一直都在不断扩大，从 2001 年开始，蔬菜产值超过粮食，成为种植业第一大农产品，园艺产业在农村经济中的支柱地位日益稳固。在园艺产业中，设施园艺是重要的组成部分。中国一直保持设施园艺大国地位，我国设施园艺面积占世界总面积的 85%以上。截至 2017 年，我国除港澳台之外的设施园艺总面积为 3.7×10^6 m^2。在设施园艺中，蔬菜种植面积占 95%以上，所以设施蔬菜的发展状况基本代表了我国设施园艺发展的整体情况。据有关资料统计，"十二五"期间设施园艺产值达 9 800 亿元，约占农业总产值的 17.9%。园艺产品不仅是人类主要的食物来源，还是重要的工业原材料，园艺产业在国民经济发展及提高人们生活质量上的贡献都是不可替代的。尽管目前从生产规模上看，中国早已成为设施园艺生产大国，但另一方面，从平均状况看，中国设施园艺与世界强国相比仍存在不小差距。从生产规模大国迈入科技创新与生产力水平居世界先进水平的强国，是我国设施园艺产业发展的重要目标。与发达国家相比，中国设施园艺的差距主要表现在设施结构的优化设计、专用品种的选育、生长环境综合调控、综合栽培技术等方面。从园艺大国向园艺强国发展，仍面临诸多挑战，必须创新发展模式，开辟新的发展空间，探索基于新一代信息技术的智慧农业成为发展的必由之路。进入 21 世纪后，我国经济发展迅速，经济发展与环境生态之间的关系越来越密切，在经济发展的同时，对环境保护的关注度越来越高，经济与环境应和谐发展。园艺建设与管理作为保护生态的重要内容，可以不断提高园艺规划质量，协调环境与经济发展之间的关系。“智慧园艺”从字面上可以理解为园艺建设过程中存在一定的“智慧”，这种“智慧”体现在园艺规划与管理中的智能化与科学化。

随着网络技术的进一步发展，各界相继提出了“智能家居”“智慧生活”“智能建筑”等一系列创新发展理念，“智慧园艺”是诸多创新理念中的一种，该理念主要借助于现代化信息技术与数据处理技术，对当前园艺规划进行管控，以进一步提高园艺规划管控质量，助力园艺的科学发展。在智慧园艺建设中，园艺大数据发展的重要性不言而喻，深化其价值分析，对于更好地构建智慧园艺具有积极的意义。遥感技术、计算机技术、物联网技术以及地理信息处理技术等的不断发展为传统园艺规划提供新的动力，建立移动互联网、GIS空间、云计算等技术为一体的智慧园艺，智能化管控园艺，有利于提升园艺规划质量，助力经济与环境和谐发展。智慧园艺在集成了移动互联网、物联网和云计算等技术的基础上，通过在园区不同地点部署各种类型的传感节点和无线通信网络，实现了对园艺生产环境的智能感知、智能预警、智能决策、智能分析、专家在线指导等功能，从而进一步实现了园艺生产的可视化管理、精准化种植、智能化决策，是园艺生产的高级阶段。

5.5.1　智慧园艺概述

智慧园艺是现阶段园艺发展的重要理念之一，智慧园艺以“互联网＋”为基础，结合物联网、大数据、云计算、移动互联网、信息智能终端等先进的技术，通过建立智慧园艺数据库助力园艺的可持续绿色发展。智慧园艺的具体应用主要体现在以下两个方面。

1. 园艺现状动态监测

智慧园艺可以通过遥感等技术，对园艺的二氧化碳浓度、土壤水分情况、环境湿度、环境温度及植被覆盖情况等进行监测，以分析植被生长情况，智能化进行灌溉与撒药等，实现标准化、现代化、智能化、可视化管控园艺，助力园艺稳定发展。

2. 园艺信息共享

借助互联网、物联网等技术构建园艺信息共享平台，可以将园艺实际情况通过构建好的园艺信息共享系统进行实时共享，实现园艺保护线上举报等，加强园艺管控质量，助力园艺科学发展。

5.5.2 大数据相关技术是智慧园艺构建的基础

智慧园艺建设管理中，大数据相关技术发挥着重要的作用。大数据相关技术涵盖大数据处理技术、大数据存储技术、大数据传输技术等，它们构成智慧园艺管理系统的各个层级，系统化、智能化地管控园艺。大数据存储技术能够为构建园艺数据库提供技术保证；可以对收集到的园艺相关数据进行处理与分析，从中分析出有利于园艺发展的重要因素，为园艺规划决策提供数据支持；可以实现数据共享，加深大众及园艺管理者对园艺实际情况的了解程度，为提高园艺规划质量提供帮助。

智慧园艺建设过程中，相关数据处理技术、互联网等技术发挥着十分重要的作用，其中园艺大数据相关技术是构成智慧园艺的重要组成部分，分析其价值具有重要的意义。

5.5.3 园艺大数据发展助力园艺可持续发展

园艺大数据发展对于园艺可持续发展具有积极的意义，有利于不断完善园艺规划，助力园艺实现可持续发展。借助园艺大数据，园艺管理相关人员可以准确了解园艺发展的具体情况，从中发现园艺规划与建设中存在的不足，并针对不足及时制定相应的对策，以引导园艺朝着绿色可持续方向发展，实现园艺规划与建设全程监管。利用园艺大数据，可以全面掌握园艺规划与建设的实际情况，不断依据园艺发展实际情况调整园艺规划方案，使得园艺规划与建设方案可以满足实际发展需求，助力园艺实现可持续发展。

5.5.4　提升园艺规划与建设的效率

智慧园艺建设主要依靠信息技术辅助开展园艺建设工作，且大数据应用平台具有多样性，可应用的平台有物联网、移动互联网、云计算、手机、计算机和遥感影像等。这些现代化技术的应用，不仅可以提高园艺规划与建设管理的效率，有效降低园艺管理中出现的人员浪费、物力浪费等，还能全面提升园艺规划与建设效率。部分区域在开展智慧园艺规划建设过程中涉及探测器、二维码、传感器、智能灌溉、移动终端等技术，有利于进一步提升园艺管理水平。

5.5.5　园艺大数据发展应用于园艺规划与建设的策略

园艺大数据发展应用于园艺规划与建设，需要在实践中统一建设标准，开放园艺部门自有数据，指导有关园艺部门数据开放，做到数据共享，使社会力量积极参与到智慧园艺云平台的建设中，开发智慧园艺云平台产品。

1. 建设信息管理平台

建立园艺大数据平台，在为主要园艺作物苗情信息建立物联网远程监控系统的同时，还可以跟进数据的获取、数据的存储、数据的资源管理、数据的挖掘、数据的计算以及数据可视化等。该平台不仅可以调节和控制园艺生产，还可以记录和分析园艺种植过程、育种过程和流通过程的动态变化，并通过数据分析，制定一系列的调控和管理措施，以促进园艺有序高效发展，提高园艺生产效率和产品质量。

依托智慧园艺云平台，还为园艺生产的全过程提供数据支持和决策服务。在生产前，通过基于物联网的园艺信息感知系统采集到的历史数据进行预测，并运用到科学生产中；在生产中，可以利用基于视频和图像的病虫害监测系统和园艺温室智能控制系统，实现对园艺产品的实时监测，做到科学种植，提高生产效率和产品质量；在生产后，可以通过园艺云平台中的生产过程追溯功能，对园艺产品的生产过程进行全程追踪，方便管理人员和消费者了解全过程的生产信息。

建立智慧园艺云平台，可通过信息感知系统采集数据并将数据逐条分析，总结经验，投入生产。加快智慧园艺云平台建设是现代园艺发展的新趋势，是推进园艺现代化的新动力。“智慧园艺”已经成为未来园艺发展的关键词。智慧园艺系统建设规划过程中，要以城市园艺绿化信息管理平台为基础，通过平台实现园艺绿地感知及园艺绿化管理信息采集、校核、入库、编辑等工作，后将园艺建设过程中的数据集中存储，构建园艺数据库，为智慧园艺规划建设中的数据调用提供保障。

2. 建设辅助决策平台

辅助决策平台的主要用户为园艺绿化管理工作者，通过设定好的程序对园艺绿化管理大数据进行处理与分析，有利于形成科学的园艺规划决策。依据这些数据，可以进一步优化园艺建设过程中的规划，按照《国家园林城市系列评价标准》的要求解决智慧园艺建设过程中存在的问题。

3. 建设综合监管平台

通过移动巡查、监控、物联网监测、遥感监测、绿地管理养护监控等的辅助，建立综合监管平台，充分了解园艺建设状况。(1)在移动巡查中借助智能终端 APP，通过信息技术辅助实现无线数据传输。(2)在园艺养护管理中依据北斗定位和 GPS 定位，可以进一步确定园艺管理养护人员的空间位置，并观察园艺养护工作者工作是否在岗。(3)借助物联网技术可以在园艺绿化场地内安装传感器，进一步实现园艺绿化中肥力、温度、水分等的控制，为开展园艺绿化养护工作提供科学依据。(4)通过物联网技术收集城市气象监测数据，将城市气象数据与园艺养护充分结合，利用智能灌溉设备进一步控制园艺建设的智能灌溉，保证缺水补水、水足停灌。

4. 建设公众服务平台

智慧园艺规划建设的最终目的是为城市内部居民提供服务。园艺绿化建设过程应面向社会公众，将园艺的发展历史、自然景观、植物花卉及游览信息及时公布给公众。公众服务平台的建立可以进一步实现智慧园艺建设的系统性。为此，可以结合微信公众号及手机 APP 对园艺内部的人流量及相关数据进行推送，同时对古树、名树进行二维码标识，让前来参观花卉或者观赏植物的群众可以通过手机二维码扫描获得园艺景观内相应植物花卉的名称及简介，进一步体现出园艺规划管理过程中的特色。为公众提供语音讲解服务、地图指导服务，进一步提升公众在智慧园艺内部观赏的体验感。

到目前为止，智慧园艺建设已利用信息技术实现信息资源整合，进一步保证园艺建设过程的信息化、数字化、便捷化。在智慧园艺建设过程中，园艺大数据发展起着至关重要的作用，可以采取建设信息管理平台、辅助决策平台、综合监管平台、公众服务平台等，助力智慧园艺规划与发展。

5.6　农业数字化车间

随着我国农业机械化、自动化程度的不断提高，农机制造业迎来了大量的订单。但是现阶段我国的农机制造业生产管理方式多为粗放式管理，产线缺乏完备的信息化管理系统，导致一些农机生产企业出现了较大的产能缺口，一些生产问题也随之暴露。与此同时，随着原油价格的不断攀升，上游原材料的价格上涨，人工成本提升，降本增效成为农机企业求生存的头等大事。而传统的车间管理办法大多依赖人工管理，产线数据分散且上传、处理速度较慢，导致生产数据管理较为困难，无法满足快速迭代的市场需求、日益增高的产线速度需求与成本管控需求。

随着工业 4.0 时代的到来，大数据与物联网技术的不断完善与发展，传统的农机生产车间亟需新技术的改造升级来焕发新的生机活力。不同于传统车间“孤岛”式的生产管理体系，物联网技术可以通过布置大量的传感器等监测设备，通过无线网络与监控平台实时掌握相关机械设备的工作状态，及时维护与更换老化、损坏的零部件，全面了解和整合整个工厂的信息，全面感知生产过程与上下游的业务运行情况。

通过大数据技术手段可以实现对数据的归纳整理，并对历史数据进行建模分析，对生产过程进行智能化监控，对未来状态进行预测、分析，打通车间与管理层之间的信息壁垒，最终产生的数字化车间可以极大地提高产品竞争力。数字化车间的升级改造任重而道远，海量的设计制造、工艺技术信息，以及现场设备大量的运行数据对云计算技术都是一个巨大的挑战，海量的数据容易导致响应时间延长、运算效率降低、宽带成本升高等一系列的问题。

随着移动通信技术的不断升级迭代，尤其是 5G 技术的出现，为该问题的解决指明了新的方向。5G 技术作为新一代移动通信技术，它具有通信的高效率、低延时与安全抗干扰的优点，这为农业机械制造业的改造升级提供了一种新的思路，即移动边缘计算（mobile edge computing，MEC）。可以将MEC边缘云视为公司局域网内的一个私有云，把传统的存储、计算等工作下沉至边缘处理，实现边缘位置的计算、网络通信和存储等能力的提升。虽然物联网技术与云计算技术已经初步引入并应用到了工业生产体系中，但是受软硬件技术的限制，仍然存在一些问题。例如，为了搜集现场数据而在设备产线上布置了传感器、工控机、网关等设备，这些设备只能起到简单的数据收集、上传等基础功能，但是其计算能力与承载能力较差，无法完成相关数据的处理。传统的云计算技术一般为中心云模式，受网络传输速度的限制，大量的数据处理占用了网络资源，无法满足超低延时要求，同时，在中心节点进行数据的处理与计算，也存在着一定的信息泄露隐患。而MEC则可以完美地解决上述问题，MEC本质是边缘基础设施的云计算系统，将数据的传输、计算、存储等工作进行边缘处理，实现了真正意义上的“无所不在”。通过无所不在的边缘计算，可以有效降低响应延时，提升运算效率，解放中心云端的计算压力，降低应用成本。同时在数据的安全性方面，可以保证数据的计算处理均在工厂内部，不需要上传到云端，保证了数据安全。因此，可以考虑基于MEC对现有的农机生产制造工业体系架构进行改造升级，将其嵌入其中。

5.6.1 农机数字化车间集成系统

1. 传统农机车间制造过程

传统农机车间制造是一个基于制造资源（包括工艺、刀具、治具、机器设备、工作人员等资源）实现农机零部件生产的过程。对于生产企业而言，这只是零部件从原材料到零部件的一个分支过程，但对其内部的制造过程而言，这是一个比较完整、闭环的过程。农机车间是农机零部件制造过程的承担者，由企业计划部负责管理，主要职责是根据产品工艺流程，通过对产品的生产管理整合制造资源，实现对整个生产行为过程的监控管理，从而完成产品的生产制造。

2. 农机数字化车间设计方案

根据农机数字化车间的生产责任，重点需要解决的问题是实现基于农机零部件的数字化生产工艺，即采用数字化生产的管理方法，在现代化设备的支撑下，实现对生产过程的监控和数据采集，完成农机零部件在数字化环境中的精细化生产。为了适应农机数字化生产技术，可将车间的组织架构由传统的递阶化结构转变为数字化车间需要的扁平结构和纵向结构。农机数字化车间包括生产管理技术、资源管理、质量监测、车间经营、综合管理和制造技术等多个部门。该组织架构的设立，可以实现农机数字化车间的纵横向信息集成，加快信息流通，提高部门间信息沟通的效率，增强对管理层决策的响应能力，大幅度提高农机数字化车间的生产能力。农机数字化车间组织化架构采用闭环的制造过程和制造数据，设计合理的制造信息技术中心，可大幅丰富产品结构信息，满足农机零部件生产的数据需求。

5.6.2　系统硬件方案设计

为了解决农机数字化车间制造过程的数据采集问题，在数据采集系统软件架构设计的基础上，利用物联网、自动识别、传感器和设备联网等技术，对农机数字化车间数据进行采集和处理，并通过局域网将数据传至云环境。

1. 物联网技术

物联网是指连接世间万物的网络，主要包括感知层、传输层和应用层。随着网络、传感器和自动控制等技术的快速发展，物联网被广泛应用在各个行业。

2. 自动识别技术

自动识别技术是采用 RFID 射频和条形码等技术，通过无接触式的方式，利用射频信号获取生产计划范围内目标对象的信息，在实现农机数字化车间上，主要可获取设备、物料、半成品、零部件生产和加工质量等信息。

3. 传感器技术

农机数字化车间的环境参数会影响零部件的质量和一致性，通过传感器网络可实时采集制造过程的环境参数信息，实现对农机数字化车间环境参数的实时监测，有利于工作人员及时处理环境变化引起的问题。本书分析的环境参数主要包括温度、湿度和电磁场强度等。

4. 设备联网技术

设备联网技术是指将数控机床、测试设备、仓库货架等车间设备采用局域网连接起来，再利用通信网口采集设备的数据信息，实时了解设备的工作状态，避免因设备故障影响农机零部件质量的技术。

5.6.3 系统网络架构设计

农机数字化车间的每台机床都留有 RJ45 网口，系统可以针对不同型号的机床，采用电气信号、串口指令或者 DNC 网口实现机床设备的状态信息采集，再通过网络上传至数据库服务器，从而发送给需要的站点。网络服务器是整个系统网络架构的核心部分，通过网络与数据采集器、数控机床、测试设备、仓库货架等实时进行数据信息的交互。数据库服务器用来实现数据的处理、存储以及给终端客户发送信息。

5.6.4 云环境设计

在实际生产运营过程中，云环境设计最为重要的两大功能分别为数据的采集与处理。由于农机数字化车间数据信息非常多，为了使采集到的信息能被有效处理，需要将零部件生产制造的信息发送给云端云环境进行分析和处理，以实现整个农机数字化车间的信息透明化，使管理者能够实时了解流水线及线边物料的管理、库存物料等信息，对生产和采购具有重要意义。数据是整个农机生产制造智能化体系的核心，小到设备的运行状态，大到上下游供应商、经销商的运营情况，都是支撑整个智能制造体系运行的基础，从某种层面来讲，数据是工厂的另一种资产。有了数据的支撑，还要进行数据处理分析，考虑到农机生产制造企业在运营过程中每天都会产生海量的数据，并且拥有不同的数据格式、内容，需要将这些数据进行归纳整合，剔除其中的无效数据，并进行数据处理分析，有时面对故障问题，还需要与历史数据库进行比对分析，因此，数据处理是工业终端的另一大核心功能。为实现设备的数据采集功能，需要在生产制造设备上添加传感器、仪表等监测设备，通过 5G 上传下载得到其监测数据。为了构建更加开放的硬件体系结构，支持软 PLC 技术，还需要大量来自现场的摄像头、网关等数据。可以通过协议解析、搭建基础云平台（虚拟机＋云原生），实现数据的上传和下载。在数据传输过程中要实现数据转换，将工业 OT 数据转换成 IT 数据，统一了格式的数据便于上传、备份及进行数据分析处理。

传统农机生产制造企业的粗放式管理已不能满足日益增长的订单量的需求，对生产制造体系进行物联网与云计算技术改进已成为大势所趋。现阶段，基于物联网和云环境技术，在传统农机车间制造过程的基础上，设计了农机数字化车间方案，并分别从软件架构、硬件架构和网络架构实现了农机数字化车间数据采集系统，保证了云环境分析和处理数据的实时性。虽然物联网技术与云计算技术已经初步引入，并应用到了工业生产体系中，但是受软硬件技术的限制，仍然存在响应时间长、运算效率降低、宽带成本升高等问题。随着 5G 技术的出现，为农业机械制造业的改造升级提供了一种新的思路，即移动边缘计算（MEC）。依托 MEC 将其嵌入现有的农机制造体系架构中，并搭建工业边缘计算平台，设计工业边缘云架构，可实现农机生产制造体系研发设计、生产制造、运维管理的智能化转型。

5.7　无人农场

无人农场是指在工人不进入农场的情况下，利用物联网、大数据、人工智能、5G、机器人等新一代信息技术，通过对农场设施、装备、机械等远程控制或智能装备与机器人的自主决策、自主作业，完成农场所有的生产、管理任务的一种全天候、全过程、全空间的无人化生产作业模式。无人农场通过对农业生产资源、环境、种养对象、装备等各要素的在线化、数据化，实现对种植养殖对象的精准化管理、生产过程的智能化决策和无人化作业。其中，物联网、大数据与云计算、人工智能与机器人三大技术起关键性作用。物联网技术可以动态感知动植物的生长状态，为生长调控提供关键参数，确保动植物在最适宜的环境下生长，也可以为装备的导航、作业的技术参数获取提供可靠的保证，确保装备间的实时通信。大数据技术提供农场多源异构数据的处理技术，能在众多数据中进行挖掘分析和知识发现，形成有规律性的农场管理知识库，与云计算技术和边缘计算技术结合，形成高效的计算能力，确保农场作业顺利完成。人工智能技术一方面给装备端以识别、学习、导航和作业的能力，另一方面为农场云管控平台提供基于大数据的搜索、学习、挖掘、推理与决策技术，给装备以智能的大脑。

5.7.1 我国无人农场的建设背景和意义

我国由传统农业向现代农业发展的进程中，在高标准农田、现代农业示范区等大宗粮食和特色经济作物规模化生产区域开展智慧农业应用集成示范，突破大田种植业智能化技术规模的应用瓶颈，对于提升我国农业竞争力和促进农业现代化发展具有重要意义。

近年来，国家大力发展农业信息化建设，2019 年“中央一号文件”提出，实施数字乡村战略，深入推进“互联网＋农业”，扩大农业物联网示范应用，推进重要农产品全产业链大数据建设。2020 年“中央一号文件”提出，依托现有资源建设农业农村大数据中心，加快物联网、大数据、区块链、人工智能、第五代移动通信网络和智慧气象等现代信息技术在农业领域中的应用。2021 年“中央一号文件”提出，要实施数字乡村建设发展工程和构建现代乡村产业体系，推动移动物联网，发展智慧农业，建立农业农村大数据体系，推动新一代信息技术与农业生产经营的深度融合。

当前，随着我国城市化进程的发展，农村地区人口减少，再加上农村青壮年外出打工导致农村人口老龄化趋势明显，“无人种地”的问题日益突出。而解决这个问题的方法之一就是发展无人农场技术。无人农场是新型的智慧农业生产方式，欧、美、日等发达国家的无人农场已进入小范围应用阶段，而我国的无人农场目前还处于试验示范阶段。粮食安全是治国理政的头等大事，现代农业的发展离不开农业科技的支撑引领能力。智慧农业是现代农业发展的方向，无人农场是实现智慧农业的重要途径，大力发展无人农场技术是推动我国农业现代化发展的重要举措，对我国现代农业的发展有着深远的意义。

5.7.2 无人农场发展现状

随着我国信息化建设的快速发展，农业信息化也得到了迅速发展，依托智慧农业管理平台，运用物联网、云计算、大数据和人工智能技术，形成从感知到决策，再到智能执行的数字化农业生产模式，有效探索了农业现代化实现的路径。近几年，国内多个省份均规划和建立了无人农场园区，并取得了突出的成效。如成都市新津区天府农博园的无人化智慧农场，该无人农场依托国家农业信息化工程技术研究中心院士团队，主要包括大田环境、作物监测、智能灌溉、遥感监测、无人农机以及农事管理等六大板块。其中，大田环境板块实现对空气温度、湿度、风速、CO_2 含量、降雨量等空气实时数据采集，同时还可获取土壤含水量、温度、液位等土壤实时数据，根据平台的监测数据，农户足不出户便可以对大田进行排灌作业。遥感监测板块是在作物生长的不同阶段，进行无人机多光谱遥感监测，获取作物光谱数据，通过数据分析可以得到作物长势、病虫害、水肥胁迫状态等信息，生成追肥处方图，无人农机将按照施肥处方图完成施肥工作。整个平台借助无人拖拉机、无人插秧机、无人收割机等智能设备，实现从耕地、播种、施肥、灌溉到收获都无人操作，整个农业生产过程只需要操作手机或电脑，就可以实现对整个农场的管理。

此外，还有广东省河源市东源县柳城镇下坝村的万绿智慧无人农场，利用物联网传感器、预设路径、北斗卫星定位和5G数据传输等技术，实现水稻耕、种、管、收全部生产环节无人化，有效降低了种田成本，实现了农业精准化管理，提升了生产效率；江苏省宜兴市丁蜀镇莲花荡粮食生产无人化农场，采用导航系统指引无人收割机工作，实现全程无人驾驶，作业视频实时通过5G网络传输至后台监管系统，农户们可以实时查看农机作业轨迹、作业面积、作业质量，掌握收割进度，不仅节约了人工成本，也提高了作业效率，让农业生产更加精准高效。

国内无人农场真正的起步是在2017年，但到2020年左右已经出现了颇具规模的无人农场。除了上述几个代表性的无人农场外，全国各地还规划和建立了多个无人农场，呈现遍地开花的态势。如吉林省公主岭市的国家农高区无人农场、河北省保定市容城县南张镇尚丰无人农场、山东省淄博市临淄区朱台镇禾丰种业生态无人农场、贵州苗族侗族自治州剑河县南明镇的水稻无人农场、安徽省亳州市谯城区赵桥乡的无人农场等。这些无人农场建设的技术方案尽管有所不同，但其建设均依靠先进的信息管理技术和自动化技术，为我国探索无人农场的发展模式奠定了良好的基础。

5.7.3 无人农场发展趋势

当前无人农场已经不再是一个想象或概念，而是一种真实的存在，无人农场的迅速发展，正逐渐成为农业新趋势与新业态。无人农场作为一种全新的模式，正引领着全球农业领域的“新赛道”，未来国家之间农业竞争的主赛道极有可能是无人化。

我国农业信息领域的多位专家也对我国无人农场的未来发展寄予厚望，农业机械化工程专家，中国工程院院士罗锡文对无人农场的发展进行了概括：“耕种管收生产环节全覆盖、机库田间转移作业全自动、自动避障异况停车保安全、作物生产过程实施全监控、智能决策精准作业全无人。”中国工程院院士、国家农业信息化工程技术研究中心主任赵春江也提出：“智慧无人农场是先进智能技术、工业技术和工程科技等高度集成，实现农业全程高效无人化的最先进农业生产方式。目前，智慧无人农场处于‘少人’阶段，真正实现‘无人’还需要一步步实质推进，攻克技术难关。”

现阶段，国内外现代化农业的标准制定和关键技术发展之间存在一定的差距，特别是智慧农业无人化农场，我国仍处于示范阶段，突破新技术领域，是我们的当务之急。当前，国内已经突破了路径规划、协同作业、自主避障等多项关键技术，且国内的农机导航技术已经处于和国际并跑的阶段，与国外同类产品技术水平相当，在水田场景自动导航方面更是居于国际领先水平。由于在某些关键领域技术的落后，我国无人农场的建设整体上落后于农业先进大国，处于“跟跑模仿”阶段，主要在农业传感器、农业模型与核心算法等关键技术和产品方面受制于人，如高端农业环境传感、生命信息感知设备被美国、日本、德国等企业垄断，大马力高端智能装备较多依赖于进口，动植物生长模型与核心数据主要来自美国、以色列、荷兰、日本等发达国家。另外，由于行业顶层设计缺失，各地区的智慧农业建设水平参差不齐。

目前，我国无人农场还处于起步阶段，除了技术问题，还存在商业难题。国外无人农场的发展方向已经由耕种管收全过程无人化向农业生产、管理全过程的信息感知、定量决策、智能控制、精准投入和个性化服务发展，我国目前无人农场虽然多数还处于试验示范阶段，但在“节本增效”方面已经取得了一定的成果，也形成了一套较为成熟的现代化农业生产科学管理系统。

第 6 章　智能水产养殖

6.1　养殖场地环境监测

6.1.1　我国水产养殖场地环境监测现状

我国水产养殖业历史悠久,随着国家的发展和人们对水产需求的增加,我国已成为世界第一的水产养殖大国。

我国许多部门和单位为水产养殖业的技术进步付出了努力。如黄建清等人使用无线通信网络构建的无线传感器网络的水产养殖系统,可以准确地传输测量信息,误差率低;蒋建明等人研究设计了一款水产养殖监控系统,该系统使用 ZigBee 技术组成的无线传感器网络结合自动控制技术实现水产养殖监控功能。除了高校的研究成果以外,我国的很多科技公司也纷纷进入了水产养殖业的开发,如阿里巴巴、百度等。他们依靠自身先进的云计算技术结合传感器和自动控制技术,设计开发了基于物联网的智能化水产养殖系统。如阿里巴巴公司设计研究的智能化水产养殖管理系统,通过云平台为水产养殖提供了数据分析和控制策略;深圳云传物联网公司提出的水产养殖智能化解决方案,可以实现在水产养殖过程中水质在线监测、机械智能联动以及自动化养殖等功能。

以上的研究设计为我国水产养殖实现自动化、智能化提供了很好的技术支持,在水质监测方面,我国先进水产养殖系统的设计应用为我国水产养殖业的发展进步打下了坚实的基础。

6.1.2　水产养殖环境监测系统功能

前沿思路之一是将 NB-IoT 物联网技术与传感器相结合,利用 NB-IoT

低功耗节点技术，并与云平台相连接，构建一套基于 NB-IoT 的水产养殖环境监测系统。这类系统应用在新型水产养殖中，充分利用了现代化物联网技术，通过各类传感器采集鱼塘的水温、pH、溶解氧等水质信息，供养殖管理人员根据这些参数分析水质情况，并及时采取相应的措施，也可供管理者通过云平台远程操控增氧机、喂食器、灯光等。这类水产养殖环境监测系统还可以有效减少鱼的死亡率，增加鱼的产量、提升鱼的质量，增加水产养殖的经济效益。根据需求分析，水产养殖环境监测系统应当满足以下功能要求。

(1)将水域进行分块，在不同水域中对节点进行标号，根据节点标号来查看对应水域信息。

(2)对水质环境进行 24 小时实时监测，节点传感器采集水体温度、水的 pH 以及水中的溶解氧值，设定每小时通过 NB-IoT 通信模块将采集数据上传到云平台一次。

(3)云平台对数据进行分析、存储和预警，供用户查看实时数据及历史数据。

(4)云平台对节点进行控制，实现云平台下发命令，控制增氧机、投食器、灯光等。

在后续的系统完善中，可以增加摄像头等设备对水产养殖现场进行监控。

6.1.3 水产养殖环境监测系统结构

这类水产养殖环境监测系统作为物联网技术领域的具体系统应用，按照典型的物联网三层架构方法划分，由感知层、传输层、应用层三个部分组成，系统结构如图 6-1 所示。

感知层作为此类水产养殖环境监测系统的最底层，用温度传感器、pH 传感器、溶解氧传感器进行水质参数采集，并通过传输层将这些参数上传到云平台。智能控制端由增氧机、喂料机和灯组成：增氧机在水中氧气含量低于设定值时为水中增氧；喂料机可以为鱼类提供饲料；灯在夜晚自动打开，通过光源吸引飞虫，进而可以为鱼类提供辅食。此外，这类系统的传感器及控制器可以根据需要增加或升级，从而使水产养殖环境监测系统更加完善。

传输层相当于人体的神经系统，起上下衔接的作用，将采集到的水质参数利用 NB-IoT 窄带物联网技术，经基站上传至云平台，从而完成数据采集任务；同时进行命令下发，经传输路径到达终端节点。基站与云平台之间的数据传输则采用较为轻巧的 CoAP 协议。

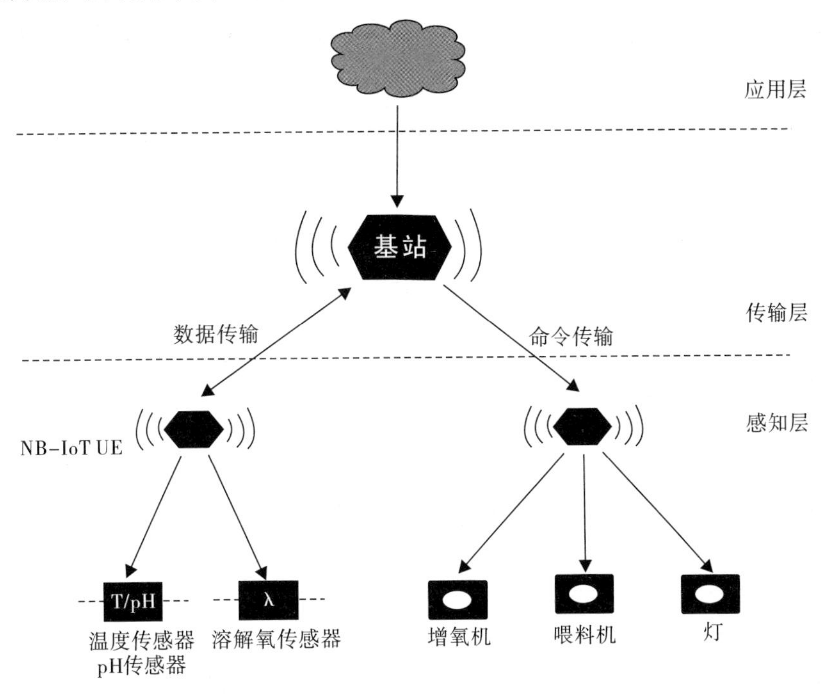

图 6-1　系统结构

应用层是这类水产养殖环境监测系统的最高层，采用云平台。云平台自带编解码文件，可以直接在平台上进行部署，方便简单，加快了开发流程。通过云平台，用户不仅可以查看水质参数的实时信息和历史数据，还可以通过终端对控制器下发命令进行控制。

温度、pH 以及溶解氧传感器一般由节点单片机控制，可以设定采集参数时间为一小时一次；每次采集的水质参数经由微处理器处理，通过 AT 指令发送给 NB-IoT 通信模块；通信模块通过 CoAP 协议进行数据的上传；云平台接收到信息后，使用编解码插件将设备上报的二进制格式数据转换成可读取格式，方便服务器对数据进行存储和展示；用户在云平台查看数据，经云平台发出的指令通过 NB-IoT 网络传输到终端微处理器，微处理器控制继电器开关完成命令下发任务。

在水产养殖中,水质参数影响鱼的生长状况及生存率,因此这类系统涉及的水质参数有温度、pH及溶解氧量等参数要求。水的温度对鱼的生长周期起着很重要的作用,适宜的水温可以加快鱼的生长速度,缩短养殖周期,获得最大经济效益。水的pH决定了鱼的生长环境,大多数鱼更适合在偏碱性的环境中生长,适合鱼生长的pH范围为6～9,酸碱度失衡会造成鱼的大量死亡。溶解氧指溶解在水中的空气中的分子态氧。对于水产养殖来说,水中溶解氧量过高过低都会对鱼造成不良影响:当溶解氧量低于1 mg/L时,鱼会因为氧气含量低而浮在水面吞食空气;当溶解氧量低于0.5 mg/L时,鱼会缺氧死亡;当溶解氧量过高时,鱼就会因患上气泡病而不能游动。

6.2 养殖场地水质监测

6.2.1 养殖场地水质监测发展现状

水环境监测信息系统和单片机技术的蓬勃发展使得采用单片机的水环境监测管理系统应运而生。相对人工测量的传统方法,该管理系统克服了人工测量需要大量人力的缺点,大大提高了水环境监测的效率,用一个主机实现对整体系统进行监测与管理工作,其使用区域宽泛,但在众多地方实施监测工作时不便于统筹管理。

物联网技术已在我国的许多领域得到了广泛应用,也正逐步成为我国经济社会发展的主要驱动技术。水环境监测系统是用来治理水环境污染的重要方式,可以为我国水环境保护的转型升级提供动力。近年来,物联网技术在我国被广泛应用于水环境监测,并且取得了良好的效果。

从长远来看,物联网技术具有良好的发展前景。随着人民生活水平的提升及信息科技的发展,各个领域的环境监测变得越来越必要,而近年来国内环境监测科技也取得了迅速的进展,因此,物联网技术成为高校的重点学术研究方向。西北大学开发了基于FPGA的嵌入式环境监测系统,该系统通过采用可定制和可裁剪的Nios Ⅱ数据处理器来设计控制系统的终端软硬件功能，以嵌入式技术为核心构建软件平台，在串口方式通信程序的协助下控制系统，将汇聚节点所收集的环境安全监测资料存入数据库系统，从而形成一个新型的嵌入式环境监测管理系统，用来对指定的参数实现实时、准确地监测。哈尔滨工业大学开发了一种利用 FPGA 与无线传感器联网的水管理和监控软件系统。该系统在环境参数指定的情况下，可实现对传感器设备数据信息的精准监测。FPGA 部分负责在传感器网络中协调节点交换信号的通信接口，在传感器网络数据采集系统中进行数据交换并显示信息的可选触摸界面。南昌大学开发了一种基于 FPGA 的水质监测平台，通过 FPGA 技术对 Modbus 总线传输协议进行模块化产品设计，以实现智能硬件与数据的传输，并对各种功能实现了模拟调试。除此之外，还有许多企业及高校在这方面进行了相关研究。

6.2.2　传统的水质预测方法

传统的水质预测方法有很多，包括马尔可夫分析算法、回归分析法、水质模型预测法等。下面对它们进行简单的介绍。

(1)马尔可夫分析算法。马尔可夫分析算法是一种针对随机过程的估算方法，其参量状态和时间都是离散型的，可用来对更复杂系统状态的转换进行描述。该方法在预测时不需要大规模数值训练，通过短期内的一些分析即可得到预期趋势，目前已被广泛应用于地下水、河流等水体预报中。

(2)回归分析法。回归分析法即对历史数据和相关数学模型的回归式进行统计分析的方法。对水质数据进行回归分析时，一般将水质的历史数据作为回归方程的自变量，将待预测的数据作为因变量，进行分析，再统计所有数据，完成分析。该方法估计效率高、计算简单、容易推广，目前主要应用于对城市用水量和海水水质的预报研究。

(3)水质模型预测法。水质模型预测法的基本原理是用数学方法描述不同水质参数间的潜在关联与相互作用的规律，得出适合水体问题的数理方程式。该方法可以有针对性地研究水质变化的具体过程。虽然该算法要求的输入参数较多，且在参数不齐全情况下预测准确度较低，但是仍被广泛用于海水水质、水环境以及污水处理的预测。

除上述预测方法外，还有许多其他预测方法可以应用于水质预测。不同的预测方法特点不同。为了实现高精度、高效率的预测，需要根据不同的场景选取恰当的水质预测方法。

6.2.3　智能型水质预测方法

计算机科学与智能技术的快速发展促使计算应用领域产生了许多智能型预测方法。这些智能型预测方法也被逐步运用在水质预测中。它们具备足够的机器学习能力，以人工神经网络法、灰色系统方法、支持向量机及其相关计算的组合预测法等为典型代表的机器学习方法，克服了传统预测方式的缺点，对非线性的大规模问题处理较好。以下对上述方式进行简要介绍。

(1)人工神经网络法。该方法的独立学习能力很强，能够解决非线性系统问题。目前，在水体监测上主要用于河流水质预测、海洋水体预测和养殖水体的水质预测等。

(2)灰色系统方法。该方法根据不确定系统，运用微分方程方法发现有限样本的信息，形成新的信息，进而达到对系统的准确识别与估计。该方法不需要较多的历史样本，且计算复杂性相对较低。但其预测准确度主要和历史数据的波动有关，因此无法精确预测波动性很大的历史数据。

(3)支持向量机。支持向量机(support vector machine，SVM)是一种分类算法。该方法在样本数据的认知性能与学习效率之间寻找最优化算法，是一个采用最小系统风险理论的方法。该方法可以有效处理小样本非线性过程的数学问题，并防止进入局部极值。但由于该算法的参数是可以随意选择的，因此模型的抗干扰能力较差。目前，该算法已被广泛应用于河流水质和水产养殖水质的预测。

(4)组合预测。组合预测是一个信息交叉优化的过程，它综合了各种算法，有目的地提取并重构各种算法的优势，从而获得全新的组合预测方式。这种预测方式能够综合各种算法的优势，更好地拟合样本，进而达到对数据的精确预测。但在组合预测方法中，各算法的集成必须赋予相应的权重系数，系数的确定具有主观性，会对预测结果产生较大影响。

在实际水质预测中，水质的物理特性和外界气候环境都会影响水质参数，且影响的程度与机理难以评估，考虑到数据采集与传输的实时性，需要选择恰当的预测模型，以减小不稳定因素的影响，对水质进行较好的预测分析。

6.2.4　水环境监测系统构成

目前的水环境监测系统以将传感器技术与物联网技术相结合为主，主要分为四个部分：一是基于物联网感知层的水质参数监测终端设计；二是基于物联网网络层的水质网格化监测数据入网；三是水质参数预测方法研究；四是基于物联网应用层云平台水质动态监测软件的设计。通过这四个部分的紧密结合最终实现对水质的远程动态监测和对水环境的及时预警。

(1)基于物联网感知层的水质参数监测终端设计与整个水监测平台硬件控制系统的实际需求紧密结合，对常规的五项水环境监测参数(温度、pH、电导率、溶解氧量、浊度)进行采集，对监测节点电路进行设计并编写各模块工作的程序。

(2)基于物联网网络层的水质网格化监测数据入网是在终端现场数据采集完成之后，通过远程数据采集程序将现场水质实时数据及时通过物联网数据传输技术传输到云端数据库，达到对数据进行实时接收和存储的目的。

(3)水质参数预测方法研究结合网格化布点的特点，建立相关的水质数据分析模型，并利用该模型对终端监测节点测量的水质数据按照国家分类标准进行分类及预警处理。

(4)基于物联网应用层云平台水质动态监测软件的设计结合实际情况及系统的具体监测需求，对系统用户端远程管理界面的功能模块进行设计。其功能模块一般包含水质监测云平台首页、监测者登录、查看监测数据(数据采集)、监测站点数据分析、监测站点数据预警、管理监测站点及设备等。图6-2为根据该方案设计的系统整体关系图。

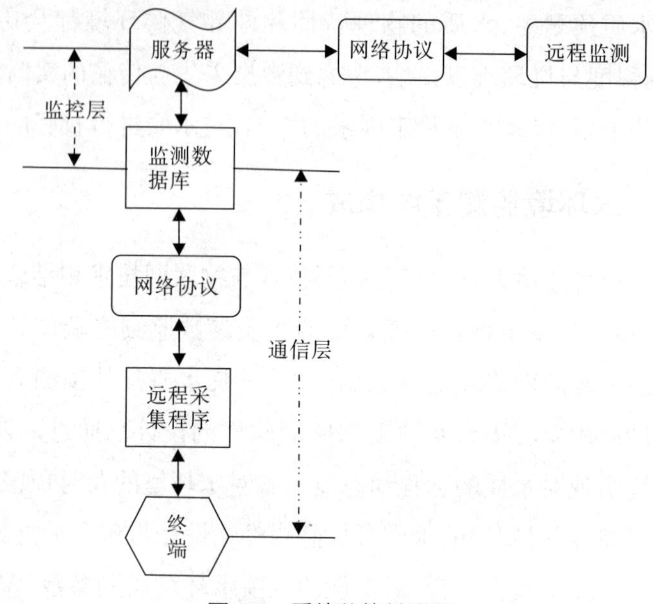

图 6-2 系统整体关系图

6.2.5 我国的水体环境监测项目分类

我国的水体环境监测项目包含 pH、化学溶解性氧、高锰酸盐指标、生命需氧量、浊度、水温等 24 个水体环境保护所需要检测的主要项目，按照《地表水环境质量标准》(GB 3838-2002)对水体主要功用和指标进行分类。

根据土壤地表水流域水环境保护主要功用和环境保护总体目标，按照主要功用程度再一次将我国的水体环境监测项目划分为以下五种。

Ⅰ类主要适用于源头水、国家自然保护区；

Ⅱ类主要适用于集中式人生活的饮水地表水源地一级保护区、珍稀水生生物栖息地、鱼虾类产卵场、仔稚幼鱼等的索饵场等；

Ⅲ类主要适用于集中式生活饮水地表水源地的二级保护区、鱼虾类越冬场、洄游通道、水产业养殖区等渔业水域及游泳区；

Ⅳ类主要适用于一般工业用水区及人体非直接接触的娱乐用水区；

Ⅴ类主要适用于农业用水区及一般景观要求水域。

养殖场地主要为普通河流和小范围湖泊区域，因此，对于物联网系统的选型一般按照第Ⅲ类参数监测要求的国标范围对其实施对比监测，相应的检测技术参数类型共有 24 种。而在选取监测技术参数时，则一般选取最基础的 5 个基础水质技术参数为监测目标，即水温、溶解氧、电导率、pH 和浊度，并参照《地表水环境质量标准》对第Ⅲ类基本项目标准限制规定的所需要监测的参数值设定范围。

6.2.6　传感器选择准则

根据水质参数的特点，系统在设计时需要对传感器的型号进行选择，一般系统在对传感器进行选择时有三条选用原则。

（1）根据水环境监测参数确定传感器的类型。当考虑感应器的量程尺寸范围、在实际使用中的检测方法为接触式或非接触式、为有线或无线传输，以及与被监测事物距离所要求的量程这些问题之后，就要先根据被监测事物的特性和多种类型传感器的实际应用情况来决定最后所要采用的传感器型号，再根据选型决定具体传感器的主要性能指标。

（2）线性范围。在传感器的输出结果和输入数值成正比的范围内，它的准确度会维持在一个定值，一旦传感器的线性范围变大，该感应器的量程就会在提高检测准确度的条件下变大。因此，在选定传感器的类型之后，首先要考虑的就是传感器的量程范围是否包含所测参数的量程范围。

（3）稳定性。传感器的稳定性是指在实际测试中，已经使用了一段时间后其特性还能维持不改变的能力。除传感器自身的设计结构之外，影响其长期稳定性的主要因素还有其在检测时的使用环境。所以，实际应用中需要先对使用环境进行调查，再根据具体的使用环境来选用最符合实际状况的传感器，或者在实际应用时通过采取相应的预防措施，来尽量减小周边自然环境的影响。

在进行数值仿真的过程中，网格的分割关系到数值计算和分析的准确度。对于大区域的水质监测数据分析若直接计算监测数据，误差会很大，因此，需要先将其分割成小区域的网格，再对小区域网格的监测数据进行分析计算，以增加分析和计算的准确度。随着网格数目的增多，虽然其计算的准确度得到改善，但其耗时也随之增大，即网格数目有限时添加网格可以显著地改善算法的精确度，且耗时没有显著的增长；但随着网格数目继续增多，精确度的提升会越来越少，耗时却明显加长。因此，需要注意网格的数目要适量。对于计算结果差异大的区域，应使用密度更大的网格，以更好地体现观测对象的变动情况。水质监测系统必须对大区域水体作出基本的小区域网格规划，与此相关的三个重点因素为网格的数量、网格规划的密度和网格的单元形式。在实验测试中，系统需要假设大范围内水域水质不同，并进行持续数周的网格化测试，动态监测多点不同水质的温度、pH，以及浊度等参数的变化情况。

6.3　螃蟹物联网养殖

螃蟹物联网养殖技术是物联网技术应用于水产养殖的典型案例。螃蟹对温度变化比较敏感，温度一旦超过35℃，螃蟹就会因耐不住高温而无法正常进食，而持续的高温天气，将会严重影响螃蟹的生存。以往的人工方式测得的数据不准确，往往在发现问题的时候，已经造成了经济损失。同时，人工水上作业具有一定的危险性。如果能够实现水质实时在线监测，就能够只用一部手机，依靠物联网系统，实时监测pH、水温、溶解氧量等水质情况。一旦发现异常，便可及时采取措施，提高螃蟹的存活率。

2010年，江苏省首个物联网水产养殖基地落户高塍镇鹏鹞生态园，系统采用先进的物联网技术、网络监控、传感设备帮助周边蟹农“智能养蟹”。系统最初覆盖1 000亩蟹塘，试点当年就使螃蟹产量提高了15%。历经数年发展后，其应用面积已经达到20 000余亩。

螃蟹物联网养殖系统具有远程增氧、智能投喂和预警资讯三个功能。

(1)远程增氧：养蟹塘区装有溶解氧传感器、温度传感器、pH传感器和叶绿素传感器，这些传感器会把采集到的数据传输到系统平台，而位于岸上的传感控制器则与中心平台相连。通过互联网、手机终端登录“水产养殖监控管理系统”，能够随时随地了解养蟹塘区内的溶解氧量、温度等水质指标参数。如溶解氧量指标，绿色代表溶解氧量正常，黄色代表溶解氧量偏低，红色代表预警，不同的色块区分让蟹农一目了然，一旦发现某区域溶解氧指标预警，只需点击“开启增氧器”，就可实现远程操控增氧。增氧机有喷水式增氧机、叶轮式增氧机和水车式增氧机等多个品种。和丰园生态水产养殖专业合作社安装的主要是水车式增氧机和爆气式增氧机，可通过带动水体流动，让螃蟹安然度夏。

(2)智能投喂:螃蟹有较强的争食性,传统的喂养方式是依靠人力绕着蟹塘投食。现在,螃蟹物联网养殖基地的蟹农可通过手机发送短信指令到中心平台,操控自动投喂机按预先设定的时长间隔和投喂量投喂饲料。指令发送后,蟹农还可以通过网络视频监控系统实时监测塘区水面状况,确认指令是否已经生效,避免误操作引发损失。

(3)预警资讯:监控中心管理人员可以根据塘区的历史数据,预测可能发生的变化,并通过中心平台向蟹农发送天气预警、水产动物疾病预警等信息,提醒蟹农采取增氧、移植水草、清塘消毒等防范措施。

在养殖环境监测的基础上,物联网技术的应用拓展到了对螃蟹个体的"连接"。南京物联网研究院发展有限公司曾在数年前研发出一款小巧的"RFID身份证",它是一条绑在螃蟹身上的、宽约1 cm的"腰带",该"腰带"由一种新型复合材料制成,无毒无害,不会对螃蟹品质产生影响。通过该电子标签,消费者可以很方便地查询到每只螃蟹的育苗、养殖、加工、物流、配送等全过程信息。哪怕在其生长过程中遇到过一次极其微小的水污染,其电子标签都会如实记录下来。

螃蟹贴上防伪标签后,消费者只要用手机扫描标签上的二维码,就可以查询所购买螃蟹的真伪,不必再为买到的是不是正品螃蟹而担心。消费者还可查到该螃蟹的产地、苗种、饵料、捕捞、相关检验报告和认证等信息,并可通过图片了解螃蟹的养殖和捕捞环境,获取专业的保存方法和食用建议。

第7章　智能畜禽养殖

7.1　设施畜禽养殖

7.1.1　智慧畜禽养殖管理平台

智慧畜禽养殖管理平台是畜禽物联网应用平台，可以对养殖环境、畜禽和设施设备等实行智能管理，形成畜禽养殖标准化管理模式，从而提高畜禽养殖效益。智慧养殖管理平台的主要功能模块如图7-1所示。

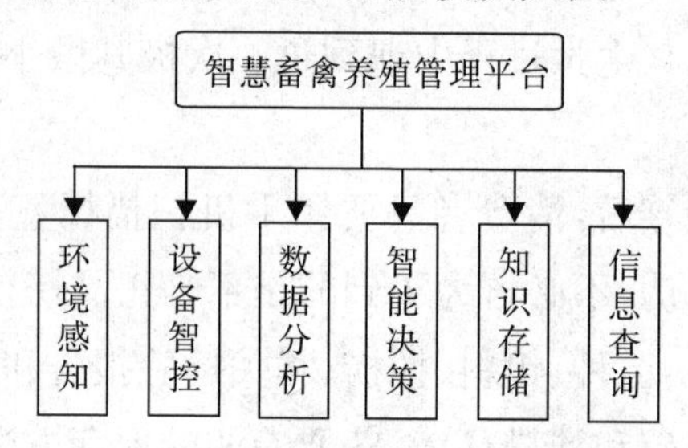

图7-1　智慧畜禽养殖管理平台功能模块

智慧养殖管理平台由多个既相互独立又相互协调的系统组成，主要包括智能传感系统、智能传输系统、智能控制系统和智能监控管理系统。

1. 智能传感系统

畜禽养殖有较高的环境要求，畜禽健康水平和畜禽产品品质都与养殖环境质量密切相关。养殖场内温度、湿度控制不合理、有害气体（如CO_2、H_2S、NH_3）过量等都是畜禽疾病的重要诱因，合理调控畜禽养殖环境是防止畜禽疾病产生和传播的重要前提。智能传感系统的作用主要体现在以下两个方面：一是使用传感器监测养殖环境是否适宜，包括CO_2、H_2S、NH_3等气体含量超标与否，温度、湿度、噪声等指标是否合格等；二是通过视频监控技术监控畜禽活动状况，以射频识别技术或畜禽面部识别技术识别畜禽个体，以便在问题出现时及时找出异常畜禽。

2. 智能传输系统

智能传输系统主要运用4G、5G、NB-IoT、ZigBee、LoRa、RFID、Wi-Fi、蓝牙等技术连接无线采集节点、无线控制节点、无线监控中心、无线网络管理软件等，以实现畜禽养殖信息自动传输功能。

3. 智能控制系统

智能控制系统通过将控制器与养殖设备相连，根据用户预先设定的养殖环境指标、饲喂时间、饲喂用量等相关阈值，结合实时获取的环境、畜禽状态、设备等信息，对养殖环境调节设备(如加热器、风机、湿帘)、饲喂设备等进行远程控制，确保畜禽在适宜的生长环境中得到精细饲喂。

4. 智能监控管理系统

智能监控管理系统可以采用浏览器/服务器模式或客户机/服务器模式架构，用户通过互联网就能随时随地访问该系统。智能监控管理系统的功能主要包括数据展示和自动报警。

(1)数据展示。养殖场部署的环境监测传感器与无线通信模块相连，其采集的温度、湿度、CO_2 浓度、NH_3 浓度等数据可实时传输至智能监控管理系统，并以图形、列表等形式展示出来。RFID标签中写入的畜禽品种、出生时间、出生地点、是否防疫、饲料使用、饲喂次数等信息以及智能摄像头提供的实时监控画面等都可以上传至该系统供用户查看。用户可以根据实际情况在系统上设定数据采集的时间和频率。

(2)自动报警。在数据实时采集过程中，当发现畜禽养殖环境、畜禽或养殖设备等出现异常时，系统会自动报警。报警信息可以在系统界面显示，也可以以短信形式发送给管理人员，从而提高处理效率，减少损失。

综合来看，建设智慧畜禽养殖管理平台、开展智慧畜禽养殖管理的意义主要体现在以下六个方面。

①降低养殖成本。将物联网应用于养殖过程，在畜禽养殖现场安装智能监测设备，监测环境信息及畜禽生长状态，在终端进行远程监控及相关设备控制，养殖生产资料可以根据实际需求得到合理分配，提高资源利用率，降低生产成本。

②提高生产效率。运用智能感知设备进行数据采集，通过无线网通信技

术进行数据传输，数据分析、处理由大数据和云计算技术完成，以上这些都减少了对人工操作的依赖，降低了误差产生的可能性，使管理、决策过程更加科学，提高生产效率。

③增加产量。通过物联网开展规模化、专业化、标准化、模式化畜禽养殖，实时监测和调控畜禽养殖环境，利用自动喂料设备进行智能精细投喂，使畜禽保持良好的生长状态；在畜禽繁育时期，以基因优化原则为基础，结合传感器技术、射频识别技术、预测优化模型技术实现科学配种，保障繁育率，最终增加总体出产量。

④形成精准化养殖体系。以技术代替人为操控，对各个养殖指标进行多维度对比分析，建立畜禽养殖方案数据库，在海量数据和精准计算的支撑下，实现科学决策，不仅可以降低养殖场的运营风险，还可以提取出更加高效的养殖运营模式，形成易于推广和复制的精准化养殖体系。

⑤提高市场竞争力。养殖企业能否提高竞争力，关键在于是否能够将科学技术应用于产业化布局过程。利用物联网可以提高养殖水平，降低生产成本，提高产品质量，而成本和品质恰好是衡量市场竞争力的重要指标，故而利用物联网有利于打造良好的品牌形象，赢得市场认可。

⑥建立行业标准。掌握智慧养殖的关键技术，积累生产数据，探索畜禽生长的环境标志，有利于修正现有养殖经验，为后期开展养殖工作提供指导，逐渐形成行业标准，加快畜禽业信息化进程。

7.1.2 畜禽养殖环境监测与调节

畜禽的生长状态和畜禽产品品质受畜禽品种、养殖环境、饲料、疫病等的影响，其中，养殖环境因素的影响最为明显，如空气湿度、气体浓度、光照强度、通风率、噪声等参数。传统畜禽养殖管理的人工参与程度高，数据的采集和记录大多由养殖人员完成，没有系统的数据存储与管理设备，养殖环境调节也多依赖人力，由于智能化、标准化水平低，对养殖经营、产品质量等的管控不足，传统畜禽养殖业的规模化进程缓慢。物联网是推进畜禽养殖管理信息化的关键技术，综合应用物联网技术监测畜禽养殖环境和畜禽生长状态，开发云服务平台远程调节养殖环境，将会使养殖效益得到明显提升。

1. 环境及生长状态监测

在畜禽生长过程中，适宜的环境尤为重要，畜舍的通风状况、光照强度、温湿度条件以及噪声水平等都会影响畜禽的生长状态，畜舍通风不良，CO_2、H_2S、NH_3 等气体浓度过高会诱发畜禽疾病；温度、湿度过高或过低都会增加畜禽的患病概率；过量噪声刺激会对畜禽的代谢产生不良影响。所以，提高畜舍环境监测水平有其必要性，是科学进行环境调节的前提，也是保障畜禽健康的重要一环。

通过在畜舍内安装各类环境监测传感器，监测温度、湿度、气体（如 CO_2、H_2S、NH_3）浓度、光照等指标，所采集的数据通过无线网络自动传输至云服务平台，经分析处理后在后端管理平台进行可视化展示；通过平台或 APP 查询，养殖人员即可掌握畜舍环境实时数据，便于进行管理。另外，在畜舍内安装监控设备监控畜禽的状态，所得视频资料可以作为判断环境状况和畜禽生长情况以及诊断疾病的依据。所有数据存储在云服务平台，结合数据分析和养殖经验归纳养殖方法，并进行科学验证，有利于提高养殖水平，这些数据也可以作为溯源数据应用于溯源环节，推动畜禽溯源体系建设。

2. 畜舍环境调节

畜舍环境调节设备自动控制结构图如图 7-2 所示，环境调节设备（如加热器、湿帘、风机、开窗机等）通过云平台的智能控制系统与畜舍环境监测系统相连，实现设备联动控制。结合养殖标准和实际养殖情况，养殖人员可以设定环境参数阈值，当环境参数数值超出阈值范围时系统自动报警，同时启动相应的环境调节设备，合理调节畜舍环境；当环境恢复到理想状态时，环境调节设备停止运行。养殖人员可以从 PC 端或手机 APP 了解环境信息和设备运行的状态，接收报警信息，也可以对与系统连接的环境调节设备进行远程控制。

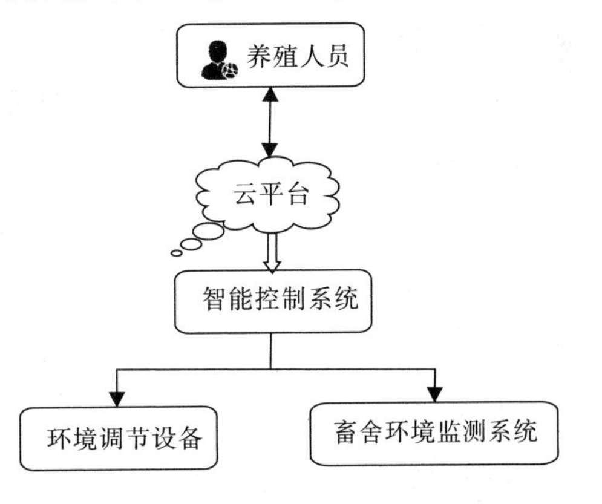

图 7-2　畜舍环境设备自动控制结构图

7.1.3　畜禽精准饲喂

随着优质畜禽产品市场需求量不断增加，畜禽饲养模式逐渐向精细化方向转变，依据畜禽成长阶段和身体状况的不同，通过数据采集、传输、分析技术对精准饲喂及时控制，开展科学精准饲养，对于满足畜禽营养需求、提高养殖效益具有明显作用。

1. 精准饲料配方设计

畜禽的营养主要摄取自饲料，不同生长阶段的畜禽有不同的营养需求，仅凭人的经验确定的饲料配方中的营养元素不均衡，容易造成畜禽营养不良或过剩的情况，饲料使用效率低下。为提高饲料配制的精确度，可以在饲料配方设计的过程中对大数据和云计算技术加以利用。具体方法是：采集畜禽品种、生长周期、日常采食量、体重等信息，制作与品种、生长周期相对应的采食量变化趋势图和体重变化趋势图，通过云计算分析得出每只畜禽正常生长所需的营养成分。在初拟配方试验所得大量数据的基础上，运用大数据技术进行数据分析处理，从中总结出营养成分与饲料种类及用量的精准对应关系，再开展饲料配置工作。在配制过程中，借助于红外饲料分析仪检测所配饲料中的营养成分含量，最终实现精准的饲料供给。同时，也可以建立饲料调配的数学模型，供日后设计饲料配方使用。养殖人员即使不具备系统的营养学和统计学知识，也可以快速精确地配制饲料，科学饲养畜禽。

2. 精准饲喂系统

精准饲喂系统由供电系统、可编程逻辑控制器、信息采集模块、通信模块以及饲喂设备组成，并连接数据处理平台。控制器用于控制信息采集设备及饲喂设备的启停；信息采集模块配置 RFID 读写器、称重传感器、计时器；无线网络用于信息传输。

精准饲喂系统给畜禽佩戴载入了编号、品种、体重、生长周期、饲喂需求等信息的 RFID 电子耳标，当畜禽进入饲喂区域时，被单独隔离，RFID 读写器读取畜禽的耳标信息并传入数据处理平台，平台计算出所需饲喂量，将其发送给控制器，控制器控制饲喂设备进行饲料供给。在采食环节，系统自动记录畜禽采食时长、采食量、畜禽采食前后的体重数据，一并传输到数据处理平台，生成饲喂曲线，据此，养殖人员可以实时掌握数据的动态变化趋势。

与饲料、畜禽等相关的信息通过无线通信技术实时传输至数据处理平台进行存储，养殖人员登录平台可以远程监控畜禽的生长状况、采食情况以及饲养设备运行情况，查询、下载采食数据，设置系统参数，远程控制现场设备的运行。

7.2 精准放牧

7.2.1 精准放牧具体应用

精准放牧是精准畜禽业的发展要求之一，注重以信息技术手段监管所放的畜禽，管理放牧环境，提高放牧效率和质量。物联网作为新一代信息技术的重要组成部分，在精准放牧方面的具体应用包括以下几点。

1. 牧群定位跟踪

给畜禽佩戴北斗/GPS 定位项圈，实时获取牧群的地理位置、移动时间和速度等信息，并将信息通过无线方式实时传输至监控平台，由此实现对牧群运动轨迹的实时动态监测、历史数据查询。

2. 畜禽行为监测

畜禽进食时会发出声音且其腭部会产生规律性运动，利用声音传感器、压力传感器、加速度传感器等设备可以自动监测畜禽的咀嚼、吞咽、反刍等行为。根据畜禽种类的不同，基于畜禽的咬食频率、声音信号强弱、持续时间等特征，综合考虑牧草种类、高度、含水量等因素，可以建立畜禽采食量预测模型，进行采食量监测，进而研究畜禽对牧草的偏好、采食活跃时间等。利用传感器也可以智能感知畜禽的站卧、行走、心率、体温等信息，掌握其生病、发情等生理状况，有效解决了人工观测效率低且易惊扰牲畜等问题。

3. 放牧强度评估

为防止过度放牧危害生态环境，需要及时、准确地获知草地利用情况，开展禁牧、轮牧规划。放牧强度由牧草供应量和牧群进食需求共同决定，应用北斗/GPS、传感器等技术监控牧群移动轨迹，监测采食量，借助无人机遥感采集牧草的数量、生长情况、时空分布特征等信息，通过空间分析算法计算出牧群的采食强度，评估草地利用情况，进而评估放牧强度。

4. 放牧规划

畜禽管理部门的牧场管理活动需要大量数据信息作为支撑。综合利用北斗/GPS、传感器、无线传感网络、移动通信网络、移动终端等建立智能放牧系统，可以实现牧群实时位置显示、轨迹查询、虚拟围栏、越界报警以及设备远程控制等功能。管理人员可根据实际需求制订牧群信息采集计划，结合牧场情况来指导放牧活动，从而提高牧场利用率和放牧效益。

7.2.2 精准放牧系统

物联网精准放牧系统的核心是将传感器监测技术、北斗/GPS 卫星导航定位技术、无线远程视频监控技术、数据传输技术以及数据挖掘处理技术等应用于放牧生产过程。整个系统可以分为感知前端、通信网络、服务器、用户终端四个部分，通过前端感知设备获取牧群位置、牧区环境变化等信息并传输至数据处理中心，管理人员登录系统即可实时掌握牧群及环境信息，处理异常情况，同时进行放牧决策控制。

1. 系统架构

物联网精准放牧系统主要包括感知层、传输层和应用层，其架构如图 7-3 所示。感知层主要采集牧场环境数据和牧群轨迹数据，在牧场设置环境监测站，监测放牧区域内的温度、湿度、风速、雨量、CO_2 浓度、PM 2.5 浓度、噪声、总悬浮颗粒物等指标，通过安装无线监控摄像头，同时给畜禽佩戴北斗/GPS 定位追踪项圈，获取牧群的实时位置、移动速度、移动轨迹、行为状态等信息。传输层用于数据的异地传输，移动通信网络和无线传感网络共同将感知层的数据实时、高效地传输至数据分析处理平台。应用层用于连接系统和用户，它接收来自传输层的

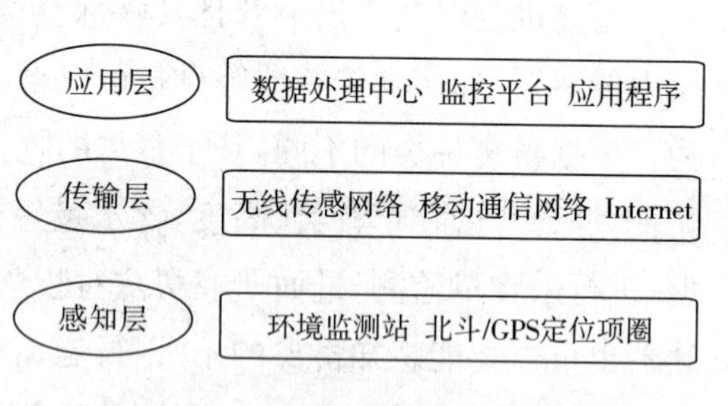

图 7-3 物联网精准放牧系统架构

数据并进行分析处理，存入数据库，作为用户终端的数据来源。

2. 系统功能

(1)环境监测与牧群追踪定位。

环境监测站用于对影响牧草生长和牧群生活的环境因素(如温度、湿度、光照强度、雨量、CO_2浓度等)进行自动化监测，将所得数据通过无线传感器网络和移动通信网络发送至环境监控中心，管理人员根据环境条件和牧草生长情况合理安排轮牧与禁牧。

将有唯一编号的北斗/GPS定位设备佩戴在畜禽身上，使得畜禽信息与定位设备信息相匹配。定位信息通过移动通信网络传输至监控平台进行可视化显示，以使管理人员可以获取牧群实时位置信息、运动轨迹以及设备运行信息；当畜禽走出划定放牧区域或者定位设备运行异常时，系统会自动发出警报，同时无线监控摄像头获取现场放牧画面。以自动监控代替人工近距离观测，既解放了劳动力，也提高了动物福利。

(2)数据管理。

数据库是物联网精准放牧系统的数据存储中心，用于存储、管理和备份与牧场、牧群、环境监测设备、定位设备、摄像监控设备、系统用户相关的全部信息，为用户终端提供基础数据服务。

大数据分析管理平台对获取的环境质量、畜禽活动状态、设备工作状态信息进行统计分析，对视频和照片进行归类整理，按日/周/月/年生成可视化数据展示报表，用户可以根据实际需求查看实时信息或历史信息。平台对业务、用户、权限等进行统一管理，管理人员可以在平台上修改、添加、删除环境及牲畜信息、使用设备信息、系统用户信息。结合地理信息系统，环境监测点、所定位牲畜、使用设备均可以在电子地图上以特定图标形式显示出来。

(3)放牧管理。

终端应用平台建设的关键技术包括GIS技术和Web Services技术，前者提供数据的可视化显示和管理服务，后者优化系统架构并促进数据实时更新，使用户可以通过终端平台进行放牧管理。

终端平台包括网页平台和手机APP平台，用户可通过这两种渠道登录系统，实时查看环境信息和畜禽佩戴设备信息，追踪牧群位置及动态，查询历史数据，查看指令发布记录，也可以设定信息管理规则和系统警报发出的规则，启用轨迹回访、电子围栏等功能，并对环境监测设备和定位设备进行远程控制。

7.2.3 无人牧场

无人牧场指无须人工介入就能实现全天候、全空间、全过程自主精细化作业的牧场生产模式，目前，已发展到完全自主化作业的高级阶段。无人牧场解放劳动力是一个循序渐进的过程，物联网、人工智能、大数据、云计算、无线通信、智能装备等技术在这一过程中发挥了关键作用。近年来，随着牧场规模化、集约化程度提高，人力劳动难以满足发展需求，无人牧场发展已成为必然趋势。要实现对人力劳动的完全解放，需要建设能自主运行的系统以完成人的工作。无人牧场通过批次独立又相互协作的云平台、环境自动控制系统以及畜禽自动管理系统进行生产管理，实现牧场的无人化运转。

1. 云平台

云平台是无人牧场的综合管控中心，负责接收、处理、存储、分析无人牧场中的全部数据信息，并根据数据分析结果发布指令，调控现场设备。决策是云平台的核心功能，决策过程以专家系统知识库内的信息以及云平台自我学习所得的经验值作为参考，进行数据处理，得出最优决策方案。采集的全部信息统一存储在云平台的数据库内，用户可以利用计算机、移动终端等设备经网络进行数据访问，了解无人牧场的信息。

2. 环境自动控制系统

牧场环境是影响畜禽生长的关键因素，适宜的环境不仅有利于保障畜禽健康，还能够防止畜禽疫病产生与传播。无人牧场的环境自动控制系统主要用于调节牧场的温湿度和有害气体浓度，将环境监测传感器、摄像机、红外热成像仪等设备安装在牧场中。其中，红外热成像仪用于采集畜禽体温数据，所得环境条件、畜禽状态等信息通过无线网络传输至云平台进行处理，云平台根据畜禽品种、生长周期、健康状况等信息发布针对性的指令，自动调控通风机、干燥机、制冷机、湿帘等设备工作，调节牧场环境。云平台还可根据所采集的图片、数据等环境信息，对牧场的清洁程度作出判断，当需要进行牧场清洁时，发布相应指令，启动清扫设备及消毒设备。

3. 畜禽自动管理系统

畜禽管理涉及饲喂、繁育、疾病防治等环节，无人牧场的精准饲喂由云平台和智能饲喂系统共同完成。云平台根据畜禽状态、生长阶段等信息确定饲喂次数和饲喂量，在需要进行投喂时向饲喂设备下达指令，完成饲喂操作，科学管控畜禽进食量。同理，畜禽繁育管理同样也能通过云平台及发情监测系统、授精配种设备、分娩协助机器人等实现。

在畜禽疾病防治环节，消毒机器人、消毒液喷洒设备会根据云平台下达的消毒指令，对畜舍和畜禽进行消毒。药物注射机器人可以对接种期畜禽进行统一疫苗接种，当畜禽发生疾病时，云平台发送畜禽编号、疾病类型、所需药物信息，药物注射机器人利用图像识别技术和射频识别技术自动识别患病畜禽个体，完成药物注射，并将药物注射信息实时上传至云平台进行存储。云平台也会对患病畜禽的治疗价值作出判断，控制无人车将不能治愈的畜禽运送至处理区进行无害化处理。

7.3 畜禽疫病防控

物联网的应用使畜禽疾病防控的信息化水平明显提高，传感、个体识别、大数据、云计算、人工智能等技术均有助于解决掣肘畜禽业发展的疾病问题，为畜禽疾病防控提供有力支撑。物联网在畜禽疾病防控方面的应用主要体现在畜禽疾病监测、诊断和防控决策三个方面。

7.3.1 畜禽疾病监测

畜禽感染疾病时，其体温、呼吸、脉搏、行为等会产生变化，这些变化可以直观地反映畜禽的健康状况。借助于生物传感、热红外遥感、射频识别、视频监控、图像处理等技术监测畜禽的生理指标和行为动作，在此基础上可以预测畜禽可能发生的疾病，找出异常畜禽，及时预警。

以畜禽体温检测为例，温度传感器、红外热成像技术均可用于检测畜禽体温。温度传感器一般放置在畜禽耳标边缘，其获取的温度信息以有线或无线方式传输至畜禽疾病监测云平台，最后在大屏、PC 端或移动端上显示出来。与畜禽呼吸、脉搏相关的数据同样可以使用相应的传感器，以相同的传输路径来获取。

红外热成像技术能够实现非接触体温测量,在识别与体温有关的生理和疾病方面多有应用。物体温度不同,辐射的电磁波也不同,红外热成像技术就是以此为原理将电磁波信息转换成可见的温度数据。在畜禽业方面,使用红外热成像技术可以识别畜禽体表不同区域的温度,分析畜禽的热应激反应,了解温度状态与生长环境的关系,进而作为提升动物福利的依据。

为检测畜禽体温,通常使用高热敏度、高精度的红外热像仪采集畜禽红外图像。红外热像仪由检测装置、控制装置和图像处理系统组成,其主体部分包括红外摄像头和处理器。红外热像仪将物体发射的红外信号转换成电信号,经处理后在显示器上显示出来,红外信号就变成了可见图像,其原理图如图 7-4 所示。由于红外热像仪检测会受到发射率、温度、湿度、背景噪声、距离等因素影响,因此在检测过程中还应尽量排除外界因素干扰,从而得到较为准确的畜禽温度分布图像。

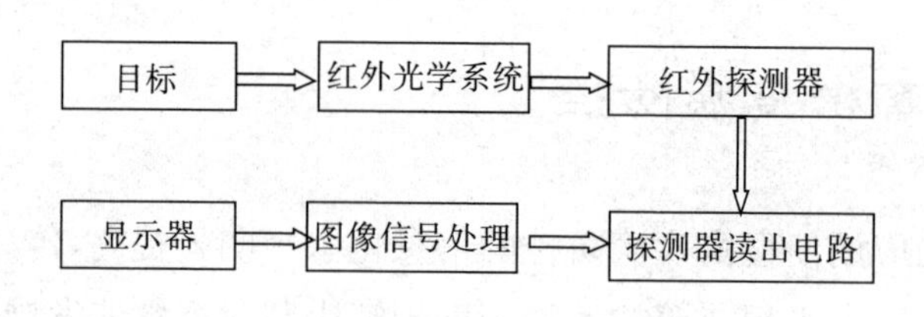

图 7-4 红外热像仪原理图

要实现对畜禽体温的自动采集和记录,还需要实现数据通信、远程控制等功能。畜禽体温自动采集由红外热像仪、红外图像采集控制模块、远程自动控制模块以及畜禽体温监测平台交互实现。畜禽体温监测平台是人机交互平台,用户可以预设自动采集畜禽红外图像的时间、频率,也可以根据实际情况在平台上控制设备采集所需的图像,畜禽体温监测平台向远程自动控制模块发出指令,远程自动控制模块收到指令后调动红外图像采集模块,控制红外热像仪完成对红外图像的采集。

将红外热成像技术应用于畜禽体温监测,还能够识别一定程度的炎症,数据获取速度快,且采用非接触检测有效避免了畜禽可能产生的应激反应。综合运用红外热像仪、监控摄像头、RFID 标签,结合图像识别和机器学习算法,可以在监测畜禽体温的同时识别异常畜禽。

当畜禽生理指标出现异常时，其外在行为也会与平常有所不同，畜禽行为主要有采食、饮水、排泄、发情等，其中采食和饮水行为可以较为直观地反映畜禽的健康状况。用监控设备获取畜禽行为画面后，运用智能图像处理技术提取相关特征信息进行分析，结合目标监测算法和图像识别算法，也能够监测畜禽行动状态，辨别异常情况。

7.3.2　畜禽疾病诊断

物联网畜禽疾病诊断主要通过数据对比、图像识别、专家远程诊断来实现。建立畜禽疾病数据库，将疾病信息与数据库中的数据进行对比，是实时分析疾病的有效方式。畜禽疾病数据库存储的信息包括畜禽疾病防控部门的数据和专家诊断所得的疾病数据，前者包含与畜禽疾病相关的专业知识、经证实过的畜禽疾病数据，畜禽疾病防控部门与畜禽疾病数据库实现数据共享和数据同步更新；若发现新型畜禽疾病，则相关数据经检验证实后，也统一存储于数据库中。针对不同畜禽疾病应采取的防治措施也会加入数据库，便于日后使用。

数据库内容需要不断更新丰富，对数据的处理判定算法也要不断改进，以确保诊断的准确性，当类似疾病再出现时，数据分析系统即可进行自动识别，基于数据库内的海量数据总结出畜禽疾病发生的规律，构建外在因素与畜禽疾病之间的关系模型，掌握畜禽的发病机制，有助于后期及时对畜禽疾病做出预警。

图像识别技术是诊断畜禽疾病的关键技术，提取畜禽监测所得图像的形状、颜色等特征，与数据库内的数据进行对比，即可判断出疾病类型，获取防治方法。当然，也会出现在数据库中找不到可匹配疾病种类的情况，此时，就需要对疾病另行诊断。

专家咨询系统是物联网畜禽疾病诊断的常见应用，借助于计算机、手机等设备，养殖人员可与专家进行线上诊断交流，根据养殖人员提供的畜禽症状信息，专家开展远程诊断，诊断结果可以通过系统反馈给养殖人员，或者以在线交流形式进行疾病防治指导。同时，根据专家诊断的结果对畜禽疾病数据库进行更新，当疾病再发生时即可实现自动识别与诊断。

随着智能终端普及，物联网畜禽诊断系统的应用也变得更加便捷，养殖人员通过PC端或手机端便可以获取疾病的发生、发展情况,并可采取针对性的防治措施,从而提高疾病防治效率,减少损失。然而,凭借数据库和专家在线交流平台进行诊断,往往会受到畜禽信息采集不全面、不准确等问题的影响,为进一步提高准确率,仍需要与人工现场诊断相结合。

7.3.3 畜禽疾病防控决策

畜禽疾病防控决策是减轻畜禽疾病危害的关键环节,在畜禽疾病防控决策工作中加入物联网技术,将有利于强化决策机制,提高疾病防控的速度。一些发达国家已建立了紧急动物疾病控制系统,如美国的“国家动物卫生报告体系”、澳大利亚的“国家动物卫生信息系统”等。我国也建立了全国动物疾病防控卫生平台,用于动物疾病的监测与防控。

物联网对于畜禽疾病防控决策意义重大。物联网结合传感器等信息采集模块、无线网络等信息传输模块,可以解决动物疾病信息获取滞后及不准确的问题;利用大数据技术分析获取的数据,通过GIS技术将病情爆发地点准确显示在电子地图上,开展空间分析与建模,便于研究病情发展态势;建立基于网络和GIS的应急指挥平台,用于查询与病情、人员、单位等有关的信息,获取病区养殖场的分布、染病畜禽无害化处理情况等数据,有助于及时控制病情蔓延。

目前,我国畜禽疾病防控信息化功能在信息上报、信息管理、应急预案方面比较突出,接下来,仍应扩大物联网覆盖范围,提高数据采集的真实性和时效性,丰富数据内容,深入研究数据管理方法,建立能够高效应用于畜禽疾病防控的智能防控决策系统。

7.4 畜禽业电子商务

7.4.1 畜禽业电子商务概况

1. 畜禽业电子商务

畜禽业吸纳电子商务运营模式开展商贸活动,畜禽业电子商务应运而生。畜禽业电子商务并不局限于在线交易,而是涉及整个畜禽行业发展的诸多环节，涵盖了畜禽主体信息化建设、电子商务网站开发、畜禽业数据共享、畜禽产品资源管理、畜禽业供应链整合以及畜禽业电商物流等内容。

现阶段，电子商务已经被很多畜禽企业纳入业务范围，通过电子商务平台整合畜禽资源，在平台上以文字、图片、视频等形式展示畜禽产品及其生产资料。与传统的交易方式相比，畜禽业电子商务最突出的地方在于它突破了时空限制，可以随时进行产品展示、交流、交易等活动，无形中积累了成本优势。以传统方式流通的畜禽产品，在离开产品源地后辗转多个批发商后才能到达零售终端，供消费者购买，畜禽产品在层层流通过程中价格也在上涨，消费者除了为畜禽产品本身的价值买单，也要支付不少渠道费用，而通过畜禽业电子商务，消费者可以直接从货源地购入畜禽产品，与线下购买相比，省去了约50%的渠道费用。

畜禽产业的健康发展部分依赖畜禽产品销售渠道的开拓与创新，畜禽业电子商务为畜禽产业带来了新的发展机遇。当前，畜禽业电子商务具备了良好的发展条件。首先，国家政策加大对电子商务行业的扶持力度，互联网经济管理体制进一步规范了在线交易市场，政策支持和体制约束为畜禽业电子商务的健康发展提供了指引和保障。其次，我国大力推动互联网基础设施建设，整体网络覆盖率大幅提升，移动智能软硬件设备以及在线支付等技术的发展为畜禽业电子商务发展提供了稳定的技术支撑，也扩大了电商服务的受众范围。另外，完善的物流体系是畜禽业电子商务发展不可缺少的条件，目前，我国的物流体系已基本能够满足畜禽电商发展的需求，同时，部分畜禽电商企业也通过自建物流、与线下零售商合作、与第三方物流合作等方式加强物流建设，进一步提升了畜禽产品供应链管理水平和效率。

畜禽业是农业的支柱产业，我国畜禽业市场易受疫情等因素影响，总体发展稳定性不足。发展畜禽业电子商务有利于平衡畜禽产品供求关系，推动畜禽产品流通和市场调节，解决产销对接不畅的问题，提升畜禽业发展的稳定性。对畜禽业企业而言，应用电子商务可以将其广告营销、咨询洽谈、交易管理、售后服务等业务转至线上进行，有利于调整生产及营销方式，提高管理效率，优化服务质量。

2. 畜禽业电商模式

未采用电商模式的畜禽产品流通过程包含了批发商、零售商等多种畜禽业经营主体，产品直线流通，容易导致市场信息闭塞、流通成本高等问题。电子商务通过构建畜禽产品流通网络有效缓解了以上问题，衍生出 B2C 模式、C2B 模式、C2F 模式、B2B 模式、O2O 模式等多种不同的畜禽业电商模式。

3. 制约畜禽业电子商务发展的主要因素

目前，电子商务整体呈现出良好的发展态势，许多畜禽企业逐渐融入电商，在剖析自身发展特征的基础上选择性地采用 B2C、O2O、B2B 或其他电商模式，更新发展观念与管理方式，拓宽业务范围。然而，在实际发展过程中，计划向电商转型或已经开展部分电商业务的畜禽企业，多因难以满足电商发展的基础要求而导致电商业务推进缓慢，甚至停滞，主要表现为以下几点。

(1)缺乏专业的电商人才。畜禽业发展电商业务，相关人员不仅需要具备畜禽生产相关的知识，还要掌握电商运营所需的专业技能，包括计算机操作、电商平台管理、市场信息收集与分析、以市场变化为导向制定销售策略等。大型畜禽电商企业通过对负责人员进行专业系统培训、聘请专业人员负责电商运营等方式稳定发展电商业务，但在中小型畜禽生产企业集中的小城镇和农村地区，电商专业知识系统培训滞后，也缺乏专业的电商人才，许多企业为规避电商投资风险仍选择维持传统的经营方式，导致畜禽业电商业务难以推进。

(2)信息系统建设不健全。我国畜禽业电子商务经过一段时间发展，总体水平有所提高，但由于畜禽产品信息系统建设规模与水平有所欠缺，各平台之间的信息共享程度低，因此，存在较为严重的产销信息流通不畅及信息失真问题，对畜禽产品生产、销售缺乏实际的指导作用，且阻碍了畜禽产品质量安全监管与追溯。在信息平台建设方面，畜禽企业自建平台所需的建设及推广成本高，即使入驻第三方平台，也存在拓展空间小、入驻费用高等难题。

(3)冷链运输体系不完善。在众多的畜禽产品中，未经加工的肉类产品对运送周期和储运环境都有更为严格的要求，发展这一类型的电商业务需要建立与之匹配的冷链运输体系。但现存的冷链运输体系并不完善，保温车辆、冷库等基础设施严重不足，尚未制定统一的冷链系统技术标准，且缺乏法律法规的支持及政策标准的规范。冷链运输过程中极易产生成本增加、产品变质等问题，不但给商家造成损失，还增加了质量不达标畜禽产品流入市场的可能性，存有潜在威胁，这也是目前畜禽业电商产品种类较为单一的原因，电商平台销售的多为兽药、饲料等运输储存较为方便的畜禽产品。

(4)消费者对电商产品的信任度不高。畜禽业电商在一定程度上解决了传统流通模式中信息不对称的问题,消费者通过电商平台可以了解畜禽产品的来源、保质期、质量等方面的基本信息,但这些了解仅限于文字描述、图片和视频展示,消费者无法接触真实产品,难以验证产品质量信息的真实性,在购买前会有疑虑,再加上目前畜禽产品质量安全追溯体系及认证体系不够完善,也在一定程度上加深了消费者对电商平台上畜禽产品的不信任程度。

7.4.2 物联网在畜禽业电子商务中的应用

在畜禽业电商中融入物联网,可以发展以大数据分析为基础的精准营销,促进畜禽产品推广与销售。商家通过物联网电商平台打造信息化、标准化的电商品牌,促进优质畜禽产品走高端发展路线,提升经济效益,利用传感器、RFID、二维码等技术,结合数据资源和质量追溯平台对畜禽业实行透明化管理。消费者从电商平台购买畜禽产品后可以查询畜禽产品生产、流通、支付、配送等环节的信息,当发现问题时可以准确追究责任。随着物联网在畜禽业电子商务中的应用逐渐深入,畜禽业电子商务体制也将逐步完善,进一步激发畜禽业电商的活力,驱动畜禽业电商快速发展。

物联网电子商务系统由资源层、服务层和应用层构成。资源层为电子商务系统运行提供软件和硬件支撑。服务层包含数据管理平台、基础开发平台和公共核心构建,数据管理平台对元数据、数据交换、数据安全等进行管理;基础开发平台涉及电商运营相关的报表、物流、客服等;公共核心构建提供实现数据访问、身份认证、第三方支付等功能的接口。应用层是支撑电商业务的物联网系统集合,包含电商系统、活动平台、畜禽产品溯源系统和ERP管理系统,其中电商系统作为平台运营支撑,对商品、订单、会员等实行统一管理;活动平台用于产品营销,主要包括一些社交媒体和网络平台;畜禽产品溯源系统中存储着畜禽产品生产经营各个环节的溯源信息;ERP管理系统对畜禽电商企业的生产、仓储、物流、销售等环节实行管理,覆盖了企业的整条产业链。

畜禽企业物联网电子商务系统不仅有利于畜禽产品销售,还能对畜禽产品的配送和质量安全进行管理,并助其基于大数据整合分析了解市场需求,调整生产经营策略。具体来说,其作用可以分为以下几个方面。

(1)销售管理。供需双方信息对称是畜禽产品销售的重要前提,也有助于解决供需矛盾,维护畜禽业稳定发展。建设物联网电子商务平台用于畜禽产品远程销售,一方面拓宽了畜禽产品销售渠道,另一方面,也有利于了解实际的市场需求,由需求量确定生产量,避免畜禽企业因过度生产造成畜禽产品滞销,或者因生产不足导致供不应求的情况发生。借助于物联网电子商务系统提供的营销、物流、支付等服务,畜禽企业还可以开展畜禽产品个性化预购活动,基于大数据信息分析市场情况后再进行畜禽产品定价,提高销售利润,跟踪畜禽产品能够让畜禽产品库存管理更加高效,通过物联网监控畜禽产品出入库情况,跟踪畜禽产品销售情况,预计库存畜禽产品的销售天数,当发现畜禽产品库存量不足时及时预警。

(2)物流管理。物联网电子商务系统优化了电商平台与物流的结合形式,使电商物流日益完善,呈现出自动化、智能化、可视化的特点。仓储管理是物流管理中极为重要的一个环节,给畜禽产品附上 RFID 标签,记录与畜禽产品入库、出库、分拣、计量等有关的信息,实现对畜禽产品的自动感知、定位、追踪和管理,从而提高物流配送的质量和效率,降低人工成本。在畜禽产品 RFID 标签内写入产品电子代码,在畜禽产品配送过程中,配送员通过 RFID 读写器读取标签内的代码信息并将其发送至配送中心,消费者可随时随地查询到物流信息。运输畜禽产品使用传感器监测畜禽产品所处的环境,预防畜禽产品变质,应用 GPS、视频监控、远距离无线传输技术等将配送车辆的位置、移动路线等信息发送至电商系统,方便企业了解畜禽产品运输的实际情况。在畜禽产品交付环节使用手持终端记录相关操作,将交付流程反馈至物流系统进行统计和分析,不仅有利于高效开展物流管理,还可以提高消费者对电商物流的认可程度。

(3)畜禽产品质量安全问题溯源。通过物联网电商系统共享畜禽产品溯源系统中包含的数据、图片、视频等信息,使畜禽产品信息透明化。畜禽电商企业对畜禽产品质量进行严格把控,使消费者在了解了畜禽产品的质量情况后再进行选择,解决了信息不对称的问题,防止消费者受虚假广告误导,也有利于进一步推动物联网电子商务的发展。

(4)消费数据采集分析。物联网电子商务系统自动记录消费者的畜禽产品挑选、购买信息，通过对海量数据的整合分析，了解消费者对畜禽产品的购买意向，从而使畜禽电商企业有重点地开展畜禽产品营销推广，为不同需求的消费者提供差异化服务。物联网电商系统还可以根据搜索、浏览、消费等数据为消费者匹配、推送同类型的畜禽产品，节省产品搜寻时间，提高购买效率。

第8章　农产品溯源

随着我国社会经济的迅速发展和物联网技术的迅速普及，传统农业也向信息化、智能化的方向快速发展。虽然现代农业在生产、制作、销售等各个环节都有了很大的发展，但食品安全始终是人们最为关注的问题。社会对食品质量的要求也在不断提高，“绿色、安全、健康”已经成为广大消费者对食品的共同期待，大家已经从传统意义上的“吃得到”和“吃得饱”提升到“吃得安全”和“吃得健康”。近年来，一系列食品质量和食品安全问题引起人们的高度关注。一旦出现食品质量和食品安全问题将会给相关的农产品生产企业乃至整个农产品供应链带来毁灭性的打击，也会严重影响整个食品产业的持续性发展，乃至影响到我国相关的食品企业参与国际市场竞争的步伐。

当前我国正处于传统农业向现代农业转型的关键时期，解决食品质量和食品安全问题至关重要。提高我国农产品的质量安全，既可以满足国内消费者的需求，创造社会经济效益，又可以突破贸易壁垒，开拓国际市场。因此，借助物联网技术，建立农产品的安全追溯体系，存储和记录农产品从生产至上市供应中各个环节的有效信息，对保障农产品的质量、维护消费者权益和规范农产品市场秩序有重要的意义。

8.1　农产品溯源体系

8.1.1　溯源与农产品溯源

溯源，即追本溯源，指探寻事物的根本、源头。农产品溯源最早出现在1997年欧盟为应对牛海绵状脑病(疯牛病)问题而逐步建立并完善起来的食品安全管理制度中，农产品溯源是指追踪农产品(包括食品、生产资料等)进入市场各个阶段(从生产到流通的全过程)，涉及农产品的产地、加工、运输、批发以及销售等多个不同环节，农产品溯源有助于进行农产品质量控制和在必要时进行产品的召回。

采用农产品溯源系统可以实现产品从源头到加工流通全过程的追溯,保证终端用户可以购买到可靠、放心的产品,防止假冒伪劣农产品进入市场。具体来讲,一般可以将其分为“追踪”和“回溯”两个方面。一方面政府监管部门和相关企业可以密切跟踪农产品从种植到加工生产再到最终销售的每一个环节和流程,掌握产品在每一个过程中的情况,获取产品流通过程中的一些必要信息和数据,并根据获得的数据信息作出下一步的判断,同时,当某一环节某一批次的农产品质量出现异常状况时,可以通过多种渠道及时作出反应;另一方面,最终呈现在消费者面前的农产品也是可以通过一定的方法进行信息回溯的,这让消费者能够清晰地了解其所购买的农产品的生产流通全过程,实现农产品质量溯源。

8.1.2 国外农产品溯源现状

农产品追溯体系的建成,使得农产品制造过程透明化,缩短了产品制造周期,降低了生产成本,提升了客户满意度,进而使企业在精细化管理、质量追溯等方面都得到显著提升,也使每件产品从原料供应、生产环节再到仓储的实时信息都得到准确的掌握。20世纪初,西方发达国家便陆续建立了农产品溯源体系,以追踪农产品从生产到流通的全过程,该体系在西方发达国家的食品安全领域中发挥着重大作用。

1. 欧盟的农产品溯源系统

自1997年受到“疯牛病”侵袭以来,欧盟对牛肉以及牛肉制品建立起了一系列检验和追踪体系,该体系包括牛耳标签、电子数据库、动物护照、企业注册等,保障消费者能够通过系统追踪到该牛肉产品从饲养到销售全过程的信息,同时可以及时掌握疫情信息。欧盟作为农产品溯源系统的先驱,多年来一直致力于对农产品信息追踪系统的开发和完善,已建立起较为成熟且有效的溯源系统发展体系。通过利用信息管理技术将产品的相关固定和流动信息进行记录和保存,确保通过该系统能最终追查到某产品的来源信息和周边管理的记录。目前,欧盟已建立的农产品溯源系统主要包括:畜禽动物及其制品的溯源、转基因生物及含转基因生物的食品与饲料的溯源等。

2. 日本的农产品溯源系统

日本2001年开始试行并推广农产品与食品的追踪系统,2003年开始对牛肉实行追溯制度,2005年完成了粮食等农产品认证制度的建立。目前,日本已建立起一套较为完善的农产品溯源体系,该体系通过对农产品绑定身份标识,将生产和加工过程中使用的原料、农药以及各流通环节和生产地、加工地、相关日期等记录在身份标识上,并通过追溯终端追踪以上信息,保障食品全程的信息得到覆盖。目前,日本多地的大型超市已基本普及了农产品追溯终端,方便市民对食品信息进行查询。

3. 美国的农产品溯源系统

美国从国家安全到食品安全和食品市场管理等各方面的法律法规中,均对农产品溯源作出了严格的要求。尤其是在"9·11恐怖袭击事件"之后,美国对食品溯源的重视上升至国家安全的高度。美国的农产品溯源系统主要依靠各行业协会和相关企业的自愿性,它们共同制定并建立起农产品标识与可追溯的工作平台,其目的是在发现有外来疫病威胁的情况下,能够在48小时内确定所有与其有直接接触的企业和场所,以便进行迅速排查,将相关的损失降至最低。

8.1.3 我国农产品溯源现状

为保障农产品的质量安全,我国正在积极研究并大力发展自己的农产品溯源体系,建立农产品尤其是食品从生产基地、加工企业直至终端销售的整个产业链条的信息共享体系,以便最终服务于消费者。而相比于西方发达国家,我国农产品溯源体系目前仍处于试点阶段,各省各市起步时间和系统体制不完全相同,且农产品溯源系统基本只普及到各试点城市的大型超市。目前,我国的农产品溯源系统存在的主要困境和问题包括以下几个方面。

1. 农产品溯源系统平台不统一

目前,国内较有影响力的农产品溯源系统平台主要有:国家农产品质量安全追溯管理信息平台、北京市农产品质量安全监管信息系统、上海市食品安全信息追溯平台。它们从识别码、存储信息到网络查询系统等各方面都不完全相同,其针对的食品对象也不尽相同,且由于开发商不同,其溯源信息的存储也不能实现共享，系统软件也多不能兼容，无法进行跨系统查询，且终端查询多为超市内的触摸操作屏，模式单一，不够便捷，这些都成为向全国推广农产品溯源系统的障碍。相比于某些发达国家已经在记录管理、查询管理、标识管理以及责任管理上建立起一套比较完整而统一的体系，我国农产品溯源体系还有一定差距。

2. 农产品溯源相关法规及制度不完善

食品质量安全在我国已提升至国家安全的高度，在相关的法律法规方面也得到了进一步的完善，但对于农产品溯源制度的法制要求仅仅在《中华人民共和国食品安全法》等少数法律中涉及，目前尚缺少专门的法律支撑，在各地的溯源执行上缺乏有效的法律制度保障，这也阻碍了溯源系统的推进。另外，我国溯源系统各环节的具体制度还不够完善，如我国在食品生产环节虽已建立召回制度，但在流通环节的召回制度仍是空白。

3. 缺乏消费者对农产品溯源的监督平台

现在的溯源途径虽然提供了消费者查询、反馈的权利，但在监管部门介入处理的过程前后没有一个有效的平台进行信息公开，缺乏群众监督的力量，致使溯源过程的情况得不到真实的反映。

近年来，我国陆续开始建立了农产品溯源体系，虽然目前仍基本处于试点和推广阶段，但相关的支持政策和政府文件始终在不断完善。2015 年，国务院办公厅出台文件《国务院办公厅关于加快推进重要产品追溯体系建设的意见》。2016 年，农业部出台了《农业部关于加快推进农产品质量安全追溯体系建设的意见》。2017 年 10 月 13 日，国务院办公厅发布《国务院办公厅关于积极推进供应链创新与应用的指导意见》，该意见提到的重点任务包括：建立基于供应链的重要产品质量安全追溯机制，针对肉类、蔬菜、水产品、中药材等食用农产品，婴幼儿配方食品、肉制品、乳制品、食用植物油、白酒等食品，农药、兽药、饲料、肥料、种子等农业生产资料，将供应链上下游企业全部纳入追溯体系，构建来源可查、去向可追、责任可究的全链条可追溯体系，提高消费安全水平。2018 年，财政部办公厅和商务部办公厅联合出台了《财政部、商务部联合开展流通领域现代供应链体系建设》文件。以上政策文件的陆续出台为我国农产品溯源体系的建设和发展提供了良好的政策支持。

尽管我国农产品溯源发展时间较短，但目前来看，随着国家政策的大力支持，大量的政府部门和科研机构的合作，国内的农产品溯源体系建设和发展较为迅速，如中华人民共和国农业农村部已经建立国家农产品质量安全追溯管理信息平台（图 8-1）等相关的溯源体系，另外，我国一些发达地区也建立了一系列较为完善的产品溯源体系。

图 8-1　国家农产品质量安全追溯管理信息平台

8.2　农产品二维码溯源

8.2.1　二维码简介

二维码（two-dimensional barcode）是用某种特定的几何图形，按一定规律在平面分布的、黑白相间的、记录数据符号信息的图形。二维码在代码编制上巧妙地利用构成计算机内部逻辑的基础比特流概念，使用若干个与二进制相对应的几何形体来表示文字数值信息，通过图像输入设备或光电扫描设备自动识读以实现信息自动处理。二维码具有条码技术的一些共性，如每种码制有其特定的字符集，每个字符占有一定的宽度，具有一定的校验功能等；同时，还具有对不同行的信息进行自动识别、处理图形旋转变化等功能和特点。图 8-2 为超市农产品用于溯源的二维码。

图 8-2　农产品二维码

8.2.2　二维码溯源体系

由于二维码具有高密度和低成本的特点，因此目前通常被用于溯源技术产品。农产品二维码溯源是以二维码为载体，对农产品质量安全进行全程的追溯和管理的过程，通过在种植基地应用便携式农事信息采集系统，实现农产品履历信息的快速采集和实时上传，也可以通过手工单据进行扫描采集上传。通过在生产企业应用农产品生产管理系统，实现有机生产的产前提示、产中预警和产后检测。通过将各生产企业数据聚集到园区管理部门，构建追溯平台数据库，实现用上网、二维码扫描、短信和触摸屏等方式进行追溯，从而保障农产品质量。利用二维码溯源可以使企业能够实时、精确地掌握整个生产及供应链上的产品流向和变化，控制整个生产流通环节的安全可靠。图 8-3 为某公司的二维码溯源体系示意图。

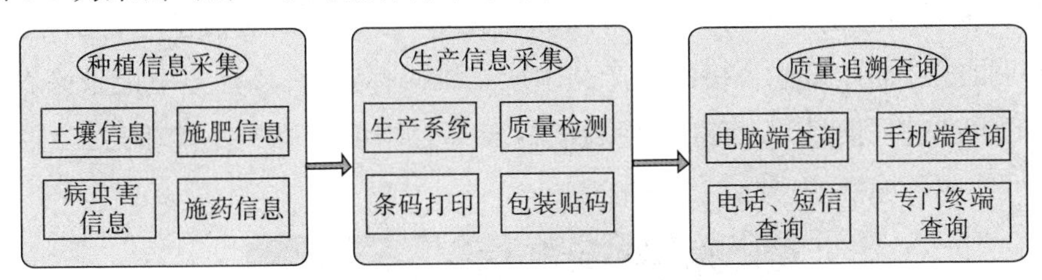

图 8-3　二维码溯源体系示意图

通过二维码信息可以实现农产品从产地到产品生长环境(包括生产中的选种、施肥、用药等)，再到检测以及销售等环节的追溯。由于二维码的编码和解码技术是公开的，因此就需要克服二维码易被复制、防伪性差的问题。可采用非对称密钥技术对信息进行加密和解密来解决上述问题，加密后的二维码必须通过相应的解密算法和使用公钥才能读取出相应的信息，否则就是一堆乱码，这在一定程度上保证了二维码使用的安全性。

一般来说，建立一套较为完整的农产品二维码溯源体系大致可以分为以下四个方面。

1. 农产品溯源管理综合系统

农产品溯源管理综合系统是农产品溯源系统的核心，是所有数据的处理存储中心，通过该系统，可以将地方特色农产品的种植过程信息数据化；质量监督部门可以对农产品生产过程进行有效监督，可以对成熟的农产品进行抽查检验，通过数据进一步证实生产过程的真实可靠性。这种通过第三方对产品进行背书的方式，使消费者对农产品产生足够的信任感，增强消费者信心。消费者最后可以通过手机扫描二维码，方便、快捷地查询农产品的信息。

2. 种植信息管理系统

种植信息管理系统（图 8-4）是整个农产品溯源系统建设的基础，它是溯源管理中非常重要的一环，这部分数据是否真实和有效关系到溯源过程的成败。该系统的主要功能是记录农产品生产的详细信息（如产品产地、播种育苗情况、施肥情况、灌溉情况、用药情况、病虫害情况、采收时间等），把农产品生产过程信息化，为每一个农产品建立一份“电子档案”，对这些农产品的生产过程进行全程记录，将记录的信息存储到可溯源农产品管理系统的数据库中，方便日后查询。同时，可以采用加密技术，通过私钥对信息进行加密，为每一批经过抽样检验合格的农产品生成二维码标签，在该标签中记录该农产品的生产过程信息，没有经过检验或检验不合格的产品则不能生成二维码，不可使用可溯源农产品二维码标签。

图 8-4　种植信息管理系统

3. 质量监督管理系统

在质量监督管理环节，质量技术监督管理部门通过不定期抽查，检查农产品生产者的生产过程是否符合要求、是否存在虚报、瞒报信息等行为，并把检查结果上传至溯源管理综合系统。另外，在农产品成熟采摘时节，在田间地头进行采样检测，并把检测报告上传到溯源管理综合系统，通过数据说话，增加优质农产品质量的说服力。消费者可以在农产品溯源平台上检索到质量监督管理部门上传的相关检测报告,这样一方面政府可以给优质的农产品进行标注,真正达到“优质优价”;另一方面还可以克服一些政府部门盲目背书的弊端,把不符合规范要求的农产品排除在可溯源农产品范围之外,增强政府的公信力。

4. 销售查询追溯系统

在销售环节,为了让消费者更好地了解农产品的生产过程和产品质量,需要为消费者提供多种查询手段,实现农产品的质量溯源。如可以采用智能手机二维码识别系统,对产品上的二维码进行识别,识别后就可以清楚地知道产品的编码、生产者、生产日期、溯源系统网址等信息,如图 8-5 所示。如果消费者想了解更详细的信息,可以登录溯源系统,通过产品编码检索该产品详细的种植过程,质检报告等。检索成功后,该农产品的电子档案就会一览无余地展现在消费者面前,让消费者“买得放心,吃得安心”。

图 8-5　通过手机进行销售查询追溯

二维码在农产品溯源中的运用,对于农产品溯源系统的建设具有重大意义,为地方特色农产品提供了一种低成本、高效益的推广方案。农产品溯源系统实现农产品生产记录全程“电子化”管理,为农产品建立透明的“身份档案”,采购方和消费者均可以通过手机扫描二维码快速查询到相关产品的生产信息,从而实现“知根知底”,满足消费者知情权,使消费者能够放心地采购和消费。同时,通过此举可以提高生产者科学生产的意识,提升农产品的品牌价值,更好地促进优质农产品的流通和销售,具有很好的应用前景和推广价值。

8.2.3 二维码溯源的特点及发展现状

移动互联网时代的到来，促使二维码成为传统市场接入移动终端的重要工具。当前，基本人手一部智能手机，而且国内手机已基本实现网络全覆盖，通过手机扫描二维码实现收款、付款、关注公众号、读取信息等形式，已经被国内广大消费者所熟悉。二维码具有储存量大、保密性高、追踪性高、抗损性强、备援性大、成本低等优势，特别适用于安全追踪。因此，二维码在农产品安全溯源中的应用逐渐普及开来。

1. 农产品二维码溯源系统的特点

随着移动互联网信息科技以及农产品电子商务发展的不断加快，农产品溯源二维码系统被越来越多的地区应用于农产品质量监管溯源体系。采用农产品二维码溯源系统有以下六个特点。

(1)农产品信息可追溯。农产品溯源二维码系统可以对农产品进行追踪，从原产地，到物流、销售，再到消费者手中，一路追溯产品的生命轨迹。只需要通过对应的溯源二维码，消费者拿起手机扫一扫，就能获取农产品的详细信息，让消费者买得放心，食用安心。

(2)可快速召回问题农产品。通过农产品二维码溯源系统可以帮助企业及时发现有问题的农产品，并且及时召回这些农产品，以防再次流入市场，从而保障了消费者的安全及企业自身的利益。

(3)农产品问题可追责。利用农产品溯源二维码系统可以准确无误地查出农产品在不同环节出现的各种问题，也可以找出对应环节的相关企业和具体负责人，做到责任可追究，有针对性、高效地解决问题。

(4)保障农产品消费安全。农产品二维码溯源有利于农产品防伪，可有效保障农产品消费安全。

(5)高效供应链管理。通过农产品溯源二维码系统可以清晰地了解到农产品的库存问题，避免出现库存积累或者农产品缺货等相关问题。

(6)统计监控市场动态。农产品溯源二维码系统可以连接每一件农产品的地域分布信息，了解和掌握市场需求，帮助企业调整市场销售的方案和策略。

2. 农产品二维码溯源发展现状

目前，国内已有很多企业投入对二维码溯源管理平台的研发，技术已相对较为成熟。如励元科技（上海）有限公司以二维码为基础，实现了原料管理、工艺流程、物流管理、渠道管理、消费者管理的全链条产品物联信息系统的建立。该系统可以帮助提高产品制造效率、工艺水平及企业效益，并以身份标识码为核心，建立起产品流通及消费的大数据，实现产品全链追溯多元化。该公司农产品追踪追溯实现的功能包括以下四个。

（1）原辅料管理方面。根据原辅材料的来源，记录供应商信息、产品名称、产品数量及产地等与产品相关的信息；根据原辅材料从供应商流通至工厂的环节，依照实际需求实现运输车辆在运输节点的管理。工厂根据收到的原辅材料进行相关的产品指标性能等方面的检验，并形成相应的检验报告，做到追溯有据可依。

（2）生产方面。通过在线赋码系统，通过生产线将“最小包装—中盒—外箱”之间建立对应关系，达到商品的追踪追溯、物流跟踪、仓库管理、分销渠道管理等目的。通过读取二维码或条码，关联对应的产品、型号、包装袋数、生产日期、批次、班号、生产线、带班负责人员等，实现生产状态的可追溯。

（3）仓库和物流方面。在仓库方面，实现自动生成仓库报表，产品管理实现先进先出，实现区域销售商、零售商的产品信息档案管理；在物流方面，实现产品流向追踪与管理，物流的监控与跟踪。

（4）终端营销网络。终端营销网络具有产品防窜货管理、产品防伪查询、重点区域经销商情况分析、主要地区分布走势分析、会员积分管理及产品召回管理等功能，可供用户查看产品的营业总额表、销售月报表、销售日报表、销售时间统计报表以及异常经销商情况报表等。

目前，国内类似的二维码溯源管理系统平台（图 8-6）层出不穷，相关企业的管理水平和配套服务也在日益完善。总体来讲，农产品二维码追溯是一个能够连接生产、检验、监管和消费各个环节，让消费者了解符合卫生安全的农产品的生产和流通的过程，提高消费者放心程度的信息管理系统工程。从产品质量的鉴别到最终订单的达成，通过每件农产品包装上独一无二的二维码，实现农产品全供应链的监管。

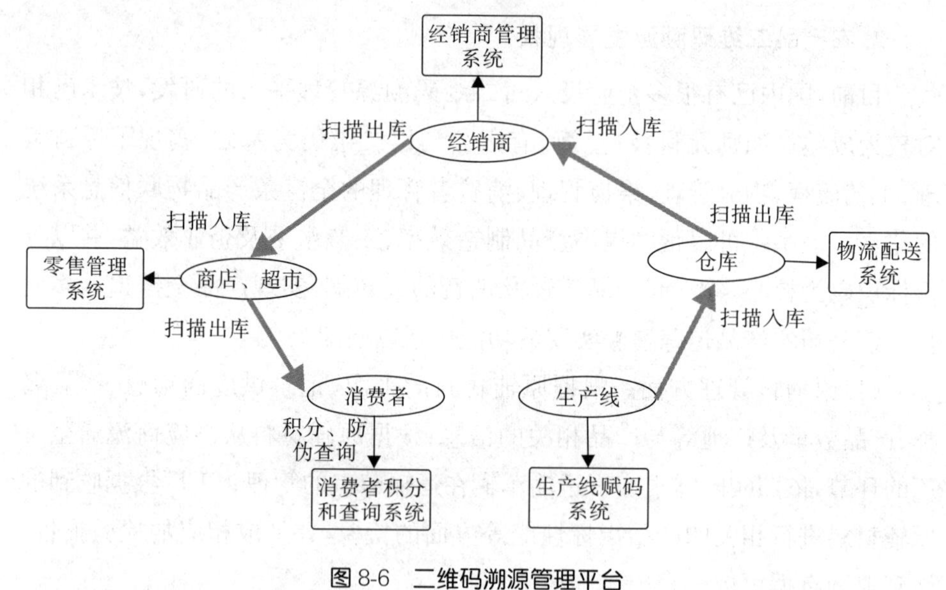

图 8-6 二维码溯源管理平台

8.3 农产品区块链溯源

8.3.1 区块链简介

区块链的概念自 2008 年被提出以来,引起全世界的广泛关注,其采用先进的去中心化基础架构与分布式存储共识技术,引起世界各地政府部门、金融机构、科技企业的高度关注。从记账的角度出发,区块链是一种分布式账本技术或账本系统;从协议的角度出发,区块链是一种解决数据信任问题的互联网协议;从经济学的角度出发,区块链是一个提升合作效率的价值互联网。近年来,区块链逐渐从加密数字货币演变为一种提供可信赖区块链即服务(blockchain as a service,BaaS)的平台。国务院印发的《"十三五"国家信息化规划》也首次将区块链列入我国的国家信息化规划,并将其列为战略性前沿技术之一。

目前各行各业对区块链青睐有加,均在积极探索"区块链+"的行业应用创新模式。区块链平台整体上可划分为数据层、网络层、共识层、智能合约层和应用层五个层次,如图 8-7 所示。数据层采用合适的数据结构和数据库对交易、区块进行组织和存储管理;网络层采用 P2P 协议完成节点间交易和区块数据的传输;共识层采用算法和激励机制,支持拜占庭容错和解决分布式一致性问题;智能合约层通过构建合适的智能合约编译和运行服务框架,使开发者能够发起交易及创建、存储和调用合约;应用层提供用户可编程接口,允许用户自定义、发起和执行合约。

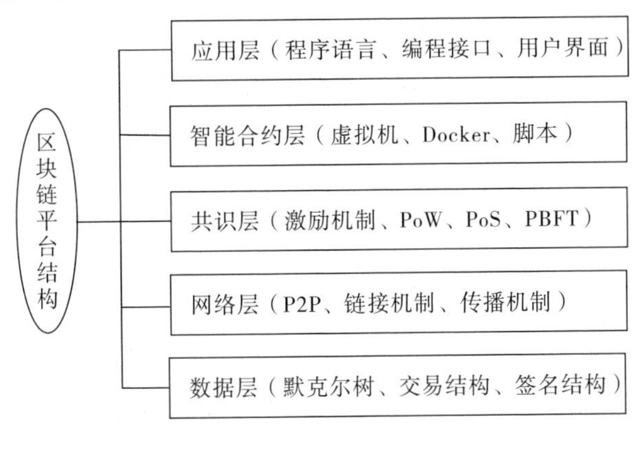

图8-7　区块链平台结构

由于区块链本质上是一个共享数据库,存储于其中的数据或信息具有"不可伪造""全程留痕""可以追溯""公开透明""集体维护"等特征,最早是应用在比特币等虚拟货币中。随着区块链技术的不断成熟和其价值不断被挖掘,其应用场景目前已经延伸至社会事务、证券、农产品溯源等多个领域。

8.3.2 农产品区块链溯源

近几年,许多互联网公司也在尝试"区块链+农业"的模式,如腾讯的安心平台,阿里公司的蚂蚁链、京东的智臻链等平台,除此之外,还有众多不同领域的中小企业也开始了区块链相关的研究和布局。利用区块链去中心化、公开透明、数据不可篡改、数据共享、点对点传输等技术特点,将农场、农户、认证机构、食品加工企业、销售企业、物流仓储企业等加入联盟链,每个关键节点上的信息都形成一个信息和价值的共享链条,做到来源可查、去向可追、责任可究。从技术上突破了传统的农产品溯源平台信息不透明、数据容易篡改、安全性差、相对封闭等弊端。

1. 基于区块链技术的农产品溯源的优点

基于区块链技术的农产品溯源具有以下几个优点。

(1)农业人员直接向用户销售农作物具有高效、安全的特点。

(2)消费者可以清楚地知道食物的来源等相关的信息,使消费者对所购买的食品安全放心。

(3)若出现问题,可以让农产品生产加工企业和管理者清楚地知道哪一个环节出现了问题,做到及时跟踪和改进。

区块链农产品溯源可以实现农业产业组织机构的创新推进,调整种植结构,让绿色有机、具备当地特色的农产品实现增值,让农产品生产加工者不再忧心,让消费者对食品完全放心,让政府部门对食品监管省心,有助于民生问题的解决。

2. 传统的溯源体系存在的弊端

传统的农业溯源如条形码、二维码、电子标签等经历了若干年的发展,大众对其接受度和认可度不断上升。但基于传统溯源系统自身的不足,以及农产品从生产到加工过程具有复杂化、多环节化的特点,传统的溯源体系仍存在一些弊端。

(1)体现在食品溯源的数据存储上。传统的溯源系统主要使用云端存储中心化账本模式,或是使用中心化数据库,这样的存储系统存在两个风险:系统风险与道德风险。前者的风险好比"所有的鸡蛋放在一个篮子里",数据容易遭受黑客攻击而丢失;后者的风险是数据容易被"做手脚",当账本信息不利于自身时,企业或者个人很可能选择篡改账本,这种"既当运动员又当裁判员的模式",使溯源的信息数据缺乏透明度和公信力,无法赢得消费者的信赖。由于无法从信息数据的源头上保证农产品数据的真实可靠,无法防止溯源信息造假、溯源系统被仿造或复制,导致传统溯源平台要做到真正的防伪有很大难度。

(2)生产商给每个出厂农产品分配"一物一码"唯一标识的做法,虽然能追溯到源头,但产品标识在生产流通环节却是"鞭长莫及",无法涵盖加工、运输、存储、销售等全流程的追溯,使得整个供应链上的数据并不能完全被消费者和监管层知晓,不能达到真正的溯源目的。

(3)由于农产品各具特性,各环节采用的溯源管理系统不同,溯源过程标准不统一,供应链系统各自为政,因此各个溯源信息数据无法互通,即便是同一个追溯链上的数据,往往也分割不清。这种"数据孤岛"现象,严重阻碍了溯源效率，使其无法成为体系。同时，追溯链上不同部门所给予的追溯代码也不一致，产品在流通过程中，每次进入新的溯源系统载体前，都要重新整合接口进入，造成了大量的资源浪费。

(4)传统的农业溯源体系存在投入成本大、负担重、见效慢、信息链条不完整、较难实现信息全覆盖等缺点，只能满足基本的信息要求，难以实现真正有效的溯源。当前农业产品的追溯手段比较简单，由于采用中心化系统，因此数据在中间环节容易被人为篡改，使防伪追溯形同虚设、缺乏监管，一旦有纠纷发生，往往难以调查和取证。

相较于传统的溯源系统，区块链技术溯源具有公认的可追溯性、无法篡改、分布式等特性和优点，成为其打破传统农业溯源瓶颈的突破口。区块链溯源给予每一个农产品一个确定的数字身份以及数字化的流通手段，形成农产品从生产到销售全部信息的数据闭环。如果消费者买到有问题的产品，就能通过区块链溯源系统追溯到问题出现在哪个具体环节。区块链技术带来的有责可查、有责可究的溯源效果，既充分保障了消费者的权益，又维护了良心企业和商户的品牌。

8.3.3　国内农产品区块链溯源现状

从目前市场上区块链农产品溯源较为成功的案例来看，区块链农业溯源在消费者特别关注的基础溯源信息上表现良好。以旺链科技的 VoneTracer 区块链追溯平台为例，为了证明产品的生产地，尤其是具有地方特色产品的源头，VoneTracer 通过 GPS 对产地进行定位，同时记录区块链的时间戳和原产地物联网，为原产地产品进行背书，从源头杜绝了假冒产品。同时，有了区块链技术这面“照妖镜”，VoneTracer 能识别出农产品和商品中的假冒伪劣产品，让其无法隐藏，从源头上让消费者放心，这是农业溯源的第一步。

在过程溯源上，区块链技术可以对产品的制造、流通、转手交易等环节进行数据录入和上链，上链后的溯源数据将不可篡改，所有写入区块链上的过程信息和数据都保留有痕迹，这些痕迹将成为将来溯源的依据，用于追溯整个过程环节，实现全过程溯源。由于使用一物一码，每一种商品都有身份证，通过身份证就能追溯到产品本身，因此一旦产品有问题，就可以精准地对问题产品进行公布并召回。农产品食品安全追溯平台既能实时发布问题产品和造假企业，也能对优良产品和优质企业进行公布，让消费者能够省心省力地防范风险和甄别优劣。此外，区块链在溯源系统上，政府会对使用平台的企业进行审核并对其产品进行检验和审核，做到全流程的实时监管和动态监管，让消费者放心。

通过区块链技术溯源，还可以对相关企业进行品牌溯源，传递企业价值和商品价值，打造产品品牌。生产企业通过 GPS 定位、时间戳、全流程数据记录和上链等操作，让产品制造正本清源，对于原本就诚信经营的农业企业，其品牌得到进一步保障。同时，因提高了造假成本，迫使相关的企业或商户必须做到诚信经营，帮助消费者准确识别优良产品和伪劣产品，最终带给消费者放心的农副产品。

在数字化进程加速发展的今天，农业在其生产、流通和销售等环节的数字化转化空间巨大，其发展前景广阔。根据中泰证券的《农业数字化专题研究：助力农业的一场阳谋》文章中显示，到 2025 年，农业数字经济规模将达到 1.26 万亿。作为农业数字化的关键技术，区块链已成为农业（尤其是农产品溯源领域）的核心驱动力，是农业数字化的关键引擎，吸引了多方机构争先布局，农业溯源领域的竞争格局已经打开。在这种情况下，区块链技术的赋能与加持，相当于为农产品重塑一个信息流通、防篡改的新型溯源系统。利用区块链技术可追溯、不可篡改等特点，将产业链上的所有机构接入区块链——包括农场/渔场、食品加工制造商、物流仓储、电商/超市、认证机构等，构建由农户、企业主体、监管机构、第三方服务机构等组成的联盟，进而实现农业产品全流程的公开透明，形成可追溯的闭环链条，解决食品追溯体系中涉及多方参与信任的问题。

很多企业和研究机构已经启动农业溯源体系的研究和组建。但由于区块链技术目前仍处于发展的初期阶段，其底层技术还不成熟，农产品、食品从原材料到上架售卖，需要经历较长的时间和辗转较多的空间，因此面对的挑战与需要解决的问题较多。这在一定程度上制约着商品数字化的发展和实现。加之农业信息化原本就是农业领域的短板，用区块链技术赋能于农业溯源的门槛相对较高。同时，符合农业特点、接地气的区块链具体应用场景还需进一步开拓。因此，对于区块链溯源机构而言，当前机遇与挑战并存。

第 9 章　农业物联网安全

物联网技术因其高效、精准、节省人力等优势，逐渐在农业领域得到推广，为农业的跨越式发展带来了新机遇。随着越来越多的农业生产活动由农业物联网来承载，海量终端的接入带来了更大的网络攻击面，而农业物联网技术与农业生产、经营、管理、服务息息相关，因此一旦出现安全问题，就会造成严重损失。因此，农业物联网安全的研究是物联网安全的一个重要方面。

本章首先从三层体系架构介绍物联网安全问题与解决对策；其次，探索分析农业物联网不同结构层中可能存在的安全风险；最后，提出农业物联网安全架构。

9.1　物联网安全

物联网设备可以在没有人工干预的情况下收集数据、分析数据、传输数据，并作出决策，智能化采取行动。随着移动通信网络的发展和物联网体系规模化建设和部署，物联网应用已深入工业、农业、医疗等诸多领域，与国家安全、经济安全息息相关，目前已成为各国综合国力竞争的重要因素。本节首先从物联网三层体系出发，分析各层安全问题，并针对其安全问题从三层体系架构和整体安全框架两个方面考虑给出解决决策方案。

9.1.1　物联网的安全问题

物联网体系架构可分为三个层次：底层是用来感知物体的感知层；中间层是整个物联网的中枢，是用来传输及处理数据的传输层；最上层是与用户接口的应用层。

1. 感知层安全问题

感知层的任务是全面感知外界信息，该层的典型设备包括射频识别(radio frequency identification， RFID)装置、各类传感器(如红外、超声、温度、湿度、速度等)、图像捕捉装置(摄像头)、全球定位系统(Global Positing System, GPS)、激光扫描仪等。感知层可能遇到的安全问题有以下几个方面。

(1)感知节点容易受侵。感知节点的作用是监测网络的不同内容、提供不同格式的事件数据来表征网络系统当前的状态。感知节点大多在无人看管的情况下部署,入侵者可以很容易地接触并破坏这些设备,导致信息泄露,恶意监控等。某些攻击者会伪造"合法用户标签"得到系统的认可,获取隐私信息。

(2)标签信息易被截获和破解。标签信息可以通过射频通信网络传输,导致信息暴露在外。倘若入侵者截获一个合法用户信息,利用该身份信息,便可假冒此用户的身份入网。

(3)感知节点受到拒绝服务(denial of service, DoS)攻击。感知节点通常要接入外在网络(如互联网),难免受到来自外部网络的攻击,主要攻击除了非法访问外,DoS 攻击最为常见。感知节点功能简单,计算、存储、通信能力有限,DoS 攻击会使传感器节点资源耗尽,造成传感网瘫痪,达到攻击物联网的目的。

2. 传输层(网络层)安全问题

传输层的作用是将感知层采集到的信息数据,利用云计算平台、模式识别等智能技术,传输到处理层,进行信息的处理。信息数据在传输中,可能经过一个或多个不同架构的网络进行交接。传输层的安全问题有以下几个方面。

(1)拒绝服务。物联网中节点数量庞大,并以集群方式存在,会产生大量的数据需要传播,因此要求网络层必须有良好的安全性,否则海量的数据会使网络拥塞,产生拒绝服务攻击。

(2)DoS 攻击和中间人攻击。网络的开放性架构、各类功能的网络设备的接入和互联方式的差异,容易出现 DoS 攻击和中间人攻击等。

(3)异步攻击、合谋攻击。物联网所涉及的网络包括无线通信网络 WLAN、WPAN、移动通信网络和下一代网络等,容易构成异构网络的跨网认证问题。

(4)技术的缺陷。构建和实现传输层功能的相关技术自带安全弱点或协议缺陷，如云计算、网络存储、异构网络技术等。

3. 应用层(处理层)安全问题

应用层主要用来对接收的信息加以处理。要对接收的信息进行判断，分辨其是有用信息、无用信息还是恶意信息，对隐私信息设定特定或通用隐私保护协议或限定条件，识别有用信息，并有效防范恶意信息和指令带来的威胁是应用层的主要任务。应用层的安全问题具体包括以下几个方面。

(1)超大量终端提供了海量的数据，应用层来不及识别和处理。

(2)智能设备受到干扰或破坏，智能失效。

(3)无法控制灾难并从灾难中恢复，自我修复不及时。

(4)非法人为干预造成故障。

(5)防范恶意信息或指令的能力差。

9.1.2　物联网的安全对策

1. 感知层安全对策

感知层设备类型多样，难以要求其具有统一的安全性服务，但已有的安全路由、连通性解决方案等可在其中独立使用。

为防御感知节点遭受破坏，可采取有效的密钥管理机制和认证机制，阻止标签或节点被非法访问。用加密技术对 RFID 标签的用户身份进行保护，其方式有散列锁定、临时地址、通用重加密等。还可利用物理手段解决标签隐私问题，如销毁标签、休眠标签、标签加密、阻塞标签、静电屏蔽、主动干扰、阅读器改变频率、标签改变频率等。

在感知节点已经受到破坏时，应保证整个系统不被毁坏。可以采取的措施有：对“通信”双方节点在互传信息前实行认证机制和通信加密；利用第三方保护，在网络的核心节点设置冗余传感器为主传感器，当主传感器受到攻击无法运行时，可以用此冗余传感器替代，让网络最大限度地恢复运转；对于遭受攻击，可以采用控制网络发送数据的速度和同一数据包的重传次数的方法，抑制节点能量消耗过大。

2. 网络层安全对策

网络层主要存在的问题是业务流量模型、空中接口和网络架构安全问题。网络层安全机制可分为节点到节点的机密性和端到端的机密性。节点到节点的机密性需要节点间的认证和密钥协商协议，这类协议重点考虑效率因素，可以根据需求选择或省略机密性算法和数据完整性服务。端到端的机密性需要建立的安全机制包括端到端认证机制、密钥协商和管理机制以及机密性算法选取机制等，可根据需要增加数据完整性服务。此外，作为信息安全服务的基础设施，公钥基础设施（public key infrastructure，PKI）是物联网中确保信息安全的重要方案。目前网络层最显著的问题是现有地址空间的短缺，当前最好的解决方式是采用 IPv6 技术，它采用 128 位的地址长度并且使用 IPSec 协议，在 IP 层上对数据包进行高强度的安全处理，提供数据源地址验证、无连接数据完整性、数据机密性、抗重播和有限业务流加密等安全服务，增强了网络的安全性。

3. 应用层安全对策

由于应用层涉及多领域多行业，物联网广域范围的海量数据信息处理和业务控制策略目前在安全性和可靠性方面仍存在较多的技术瓶颈且难以突破，尤其是业务控制和管理、业务逻辑、中间件、业务系统关键接口等环境安全问题。另外，网络传输模式有单播通信、组播通信和广播通信，不同通信模式需要有相应的认证和机密性保护机制。采取的对策有以下几个方面。

（1）在数据智能化处理的基础上提升数据库访问控制策略和内容筛选机制。

（2）加强不同应用场景的隐私信息保护技术，制定高效的加密机制，相关密码技术包括：门限密码、匿名签名、数字水印和指纹技术等。

（3）加强数据溯源和网络取证能力，完善信息泄露追踪机制。

（4）采用有效的计算机数据销毁技术。

（5）使用安全的电子产品和软件的知识产权保护技术。

（6）在不影响网络的前提下，建立一个全面、高效、安全的管理平台。

9.2 农业物联网安全风险

农业物联网在推动传统农业向精确化、智能化、自动化转型的进程中发挥了重要作用，但其所带来的安全问题也愈加凸显。为识别、防范、应对农业物联网安全风险，本节将对农业物联网不同结构层次中可能存在的安全风险进行探索分析。针对农业物联网的网络攻击将成为常态，根据农业物联网的层次划分，其安全风险主要体现在以下七个方面。

1. 感知层终端安全风险

与物联网一样，农业物联网的感知层一般由电磁感应传感器、卫星遥感系统、光谱传感器、红外传感器、GNSS传感器、霍尔特传感器等各类传感器、射频识别设备以及网关构成，主要用于采集和获取农作物生长所需的阳光、温度、湿度、土壤、空气、肥力、农药等生长环境数据，以及畜牧业实时生长情况、健康状态、饲料消耗、抗生素使用情况等与管理相关的属性状态信息，从而生成动态空间信息系统，以实现对农牧生长状态的实时感知和精准监测。

据统计，至少85%的网络安全威胁来自终端，终端安全已成为网络安全工作的重中之重。但在农业领域，行业安全标准滞后、设备生产厂商安全投入少、补丁和更新管理维护困难、自主知识产权缺乏、所处物理环境不安全等原因造成“物”的缺陷，用户安全意识和常识缺乏导致“人”的不足，这些漏洞都有可能被攻击者利用，造成终端设备服务中断、被非法控制、被禁用、被挟持、被勒索等，成为重大安全隐患。在农作物的自动化耕种应用中，大量传感器通常是通过网络连接并依靠边缘计算作出实时决策的，恶意代码的入侵可能会造成种植和收获窗口期的设备故障或被非法控制，导致自动灌溉过少或者过多甚至淹没农田，喷洒农药不足无法起到除草效果或者过多造成污染，以及光照、温度、湿度等环境因素监测出现误差等，影响农作物产量和质量。同样，在智能牧场里，恶意数据的引入也可能会导致温度、湿度等成长环境和喂养条件突然发生大幅变化，对畜群健康造成不利影响和严重损失。

近年来，勒索病毒在全球范围内的流行对经济生产和社会公共服务产生了巨大冲击，同样也威胁到了农业生产安全。因农业生产有时间范围狭窄、不灵活的特性，犯罪分子可能会通过制造农机设备禁用服务终端来勒索赎金，使得耕种或收获错过最佳窗口期，造成巨大损失。农业领域中所使用的海量智能终端设备可能会被黑客挟持，甚至可能威胁到社会安全。例如，使用最多的终端——无人机，就存在巨大的安全隐患。农用无人机一旦被挟持，可能会发生不法分子操纵其在人流密集区坠落或者撞击高层建筑的“炸机”行为，造成不可挽回的人身伤害和财产损失。同时，无人机干扰机场运行、逼停飞机的“黑飞”事件时有发生，若农用无人机与飞机发生碰撞，后果将不堪设想。除此之外，利用农用无人机运输毒品，破坏电视台中继设备、传播恶意信号，窃取图像、窥探隐私等违法犯罪行为也可能会发生，甚至可能会成为恐怖分子威胁国家安全的新型工具。

2. 网络层网络安全风险

与物联网一样，农业物联网的网络层主要由互联网，以太网、ZigBee、GPRS、CDMA、5G等构成，其主要功能是传递和处理感知层获取的数据。

目前，对农业生产影响最为深刻和广泛的网络层安全风险就是农业“3S(GPS、GIS、RS)”技术风险。在农业生产中，GPS主要为大型农业机械设备的自动转向和制导、肥料和农药的自动喷洒等提供精准的地理位置信息；GIS主要为灾害预测、水土保持、气候区划等提供多种空间和动态的地理信息；RS则主要监测和记录作物的生长形态、土壤湿度、杂草和病原体等动态的物理信息。3S系统本质上采用的是计算机通信原理，最主要的安全风险来源于自然灾害、网络中断、精度不足等多源数据地理位置参考坐标系故障和时效性不一致。当前，农业和畜牧业设备的运行高度依赖通信和引导系统，如果通信信号遭到恶意干扰和屏蔽，将会导致大量诸如精确种植、条带耕作、平整土地等对通信精确度要求极高的耕作活动无法正常开展。随着下一代通信技术的不断使用，信号频谱将越来越拥挤，这可能会导致部分农业指导信号的丢失，造成耕种活动无法正常进行。我国部分农村地区缺少可靠的宽带或数据宽带，大大限制了农业机械设备的可用性，信号中断或丢失会严重影响农业机械设备的可用性。地震、台风、洪水等自然灾害也会对指导和通信系统造成巨大破坏，像2017年的飓风玛丽亚就造成波多黎各全岛CORS基站大规模损坏，导致多地精准农业应用无法正常开展。此外，我国尚有大量农业自动化指导信号依赖GPS、GLONASS等国外系统，这些系统一旦遇到国家冲突和摩擦，很有可能会被禁用，造成不可逆转的经济损失。

3. 应用层系统安全风险

与物联网一样，农业物联网的应用层主要包括物联数据搜索引擎、智慧种植、环境监测、资源监测、设备智能诊断管理、农产品流通管理、农产品溯源等多种应用系统，可作为物与物、物与人之间的接口，根据行业需求完成传递层所传输数据的研究与分析，选择最优策略和先进的过程控制，最大限度地实现物联网的智能应用。

农业物联网应用层各系统主要是将高效优化的算法和模型应用于海量数据中，通过人机交互的模式，为农业生产者提供决策支持和农业生产管理专家指导等高级信息管理辅助性技术手段。因此，如果这些系统遭到恶意攻击或发生数据泄露，可能在短时间内给农业生产带来巨大损失。若设备和软件制造商内部泄露或恶意攻击者窃取包括土地使用数据、农产品市场数据、作物保险数据等行业机密信息，甚至借机操纵市场，将会严重损害农业参与企业的声誉、扰乱市场秩序，造成巨大经济损失。此外，在农业生产交易领域的跨境数据流动过程中，国外政府和企业可以通过分析其有自主知识产权、已掌握核心技术的传感器、无人机、智能农机等终端设备收集到的数据和由其提供云服务中存储的数据，对我国重要农业信息进行精准评估，以此获得有价值的情报，使我国在农业贸易谈判中丧失优势。

4. 设备无人看管问题

在农业生产中，感知层的传感器多放置在大棚、大田、池塘等半自然环境中，多使用太阳能供电，长期无人看管、遇恶劣天气时易出现设备损坏。在通常情况下，远程直接查看设备状态较为困难，加大了设备故障检测的难度，易造成数据不可用的隐患。另外，长期无人看管也会使设备面临物理攻击的威胁，对方可直接捕获这些设备，再通过信道分析来寻找算法中的漏洞。

5. 数据完整性与保密性问题

在基于农业物联网的信息管理系统中，数据通常在应用层被用户查看、管理，且只有被授权的用户才能管理对应权限的信息。一旦未授权用户入侵，数据就会面临被篡改的风险，引发数据的完整性问题。

随着农业信息化的发展，诞生了越来越多的基于农业物联网的第三方数据管理平台，物联网设备收集的数据会存储在这些平台上，受利益驱使，这些平台服务提供商通常会永久保存这些数据，甚至在未经用户同意的情况下与其他公司共享这些数据，造成数据保密性问题。一些关乎农业企业商业机密的育种、养殖、食品安全等数据的泄露，可能会给企业造成严重的经济损失。而农作物的种质资源、试验田等信息，是农业科技原始创新与现代种业发展的重要基础，这些数据的泄露甚至会影响农业可持续发展及生物多样性，危害国家粮食安全。

6. 新技术对农业物联网安全的潜在威胁

近年来，一些新兴技术如农用无人机、深度学习等广泛应用于农业物联网系统中，大大减少了人的工作量，提高了生产效率。农用植保无人机具有喷洒效果好、省药、省水、作物损伤小等优点，还可用于土壤监测分析、获取遥感信息等。深度学习技术在农业的应用往往是基于物联网来获取大量图像，从而进行植物识别、杂草检测、病虫害检测、产量预测、动物状态监测等方面工作，其可以提高识别、检测、预测的准确率，有较好的泛化性和通用性。

但是，这些新技术也伴随着对农业物联网安全的潜在威胁。无人机面临传感器安全、通信安全、软件安全、网络安全等方面的问题。若洒药的植保无人机受到GPS欺骗，则可能会导致对大田错误喷药、重复喷药等问题，致使植物受损。对深度学习分类器的对抗攻击可能导致将物联网农机图像传感器获取的杂草误识别为正常作物，从而未喷洒除草剂。对方对数据进行投毒，则可能导致训练出的病害分类器异常，使农户上传的病害图像识别错误，导致用药与实际病害不符，造成损失。

7. 从业人员缺乏安全意识问题

无论是农业物联网设备的制造商还是使用者，都存在物联网安全意识不足的问题。制造商为了节约成本，通常只关心产品的功能性，而忽略其安全性，这也是造成上述多个问题的原因之一。而大多数用户也很少考虑物联网安全问题，如许多农户在使用农业APP时，设置的密码强度较弱，或在设置控制设备阈值时，设定为无须输入密码等。另外，一些农业合作社为了管理方便，所有社员的生产数据均由指定的一人录入，存在数据泄露和毁坏的风险。

9.3 农业物联网安全架构

农业物联网安全的总体需求就是达到物理安全、信息采集安全、信息传输安全和信息处理安全，安全的最终目标是确保信息的机密性、完整性、真实性和网络的容错性。考虑到现有通信网络的安全架构都是从人通信的角度设计的,并不适用于机器的通信,使用现有安全机制会割裂物联网机器间的逻辑关系。因此,在设计农业物联网安全防护系统时,需采用分层的网络结构,从每个逻辑层次入手,为同一安全问题设置多重安全机制,形成感知层、传输层、处理层和应用层协同、联动的深度安全防护机制,构建一体化的农业物联网安全防护体系,农业互联网层次化安全防护体系见图9-1。

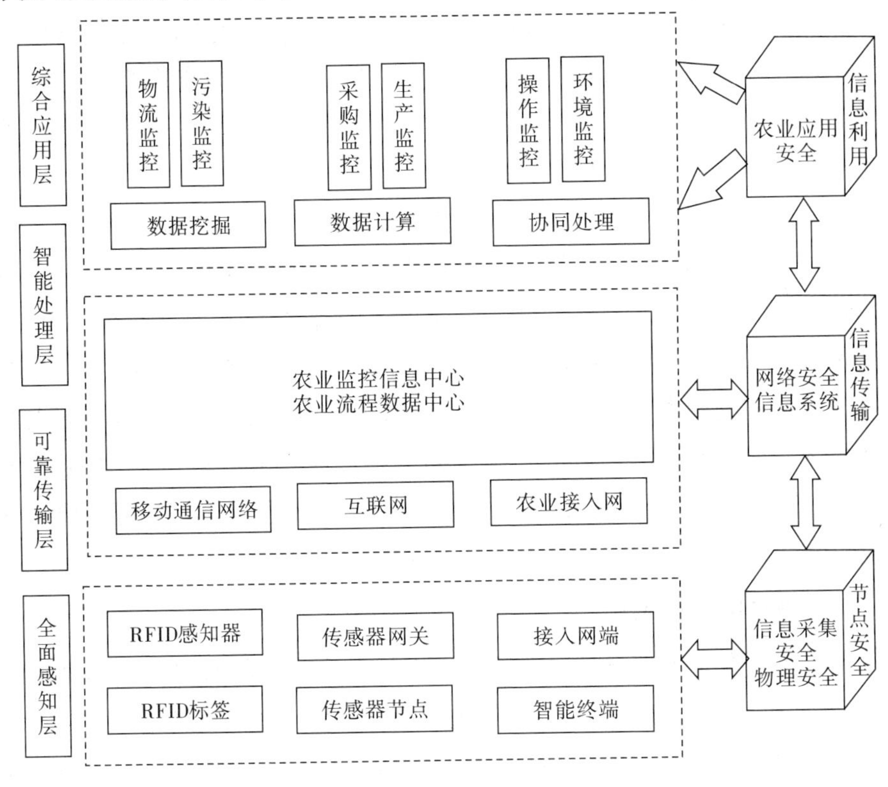

图9-1 农业互联网层次化安全防护体系

1. 感知层的安全架构

物联网感知层的任务是实现智能感知外界信息的功能,包括信息的采集、捕获和物体识别。RFID装置、多类型传感器装置(如超声、红外、湿度、温度、速度等)、图像捕获装置、GPS装置、激光扫描仪等都是该层的典型设备。涉及多项关键技术,包括传感器技术、RFID技术、自组织网络技术、短距离无线通信技术、低能耗路由技术等。

传感器作为农业物联网最基础的设备单元，能否高效地完成农业物联网信息的采集任务，关系到整个农业物联网感知环节的成败。由于传感网络本身具有无线链路比较脆弱，网络拓扑动态变化，节点计算能力、存储能力和能源有限，无线通信过程中易受到干扰等特点，因此传统安全机制无法应用到传感网络中。目前常见的传感网络安全技术主要包括以下几个层面。(1)基本安全框架：安全框架主要有安全协议、参数化跳频等；(2)密钥分配：传感器网络的密钥分配主要采用轻量级的密码算法与协议，以随机预分配的模型开展；(3)安全路由技术：当前的安全路由技术常加入容侵策略作为应对方法；(4)入侵检测技术：入侵检测技术主要包括被动监听检测和主动检测两类，常作为信息安全的第二道防线。

除上述安全保护技术外，由于农业物联网节点常受到资源限制，且呈现高密度冗余散布状态，故无法在每个节点上运行全功能入侵检测系统(intrusion detection system，IDS)，这也影响了整体安全防护效果。因此，需要进一步研究如何在传感网中合理分布IDS，提高系统的鲁棒性。由于网络攻击者在控制网内节点后，会在感知层内恶意散播虚假信息，蓄意破坏网络环境的稳定性，因此，需要对可疑节点开展行为评估，建立相关的信任模型，降低恶意行为影响和破坏的可能性。此外，感知层安全设计还需要考虑建立感知节点与外部网络的互信机制，保障感知层信息安全传输。

2. 传输层的安全架构

传输层主要实现信息的转发和传送，它将感知层获取的信息传送到远端，为数据在远端进行智能处理和分析决策提供强有力的支持。

在农业物联网中，传输层安全结构的设计必须兼顾高效性、特异性和兼容性。首先，传输层感知数据和控制指令具有很强的时效性，为了获得更高的处理效率，应该在密码协议设计时，适当降低安全等级；其次，农业网络中异构网络数量众多，相对于通用安全结构，其网络性能各不相同，防御网络攻击的能力也相差巨大，因此，需要针对网络特异性设计专用安全协议；最后，为了实现异构网络的无缝对接，必须确保安全协议的兼容性与一致性，这也是安全结构设计中相当关键的指标。

传输层安全结构一般有两个子层。(1)点对点安全子层：该子层主要的作用是保证网络数据在逐跳传输过程中的安全，具体涉及的安全机制包括节点间的相互认证、逐跳加密以及跨网认证。(2)端到端安全子层:该子层主要的作用是实现端到端的机密性并确保网络稳定、可用,具体涉及的安全机制包括端到端认证,密钥协商、管理、密码算法选取以及拒绝服务攻击的检测与防御。

此外,网络通信模式以及物联网本身的架构、接入方式和各种设备之间均存在巨大差异,加之农业物联网的接入层采用各种无线接入技术,如有线网、Wi-Fi、WiMAX 等,其异构性十分突出,因此还需要设计针对单播、广播、组播的专用安全机制,确保为终端提供移动性管理,保证异构网络间节点的无缝漫游和服务的无缝移动。

3. 处理层的安全架构

农业物联网的处理层之所以能够高效处理海量数据并开展网络行为智能决策,其核心特点在于"协同"及"智能"。所谓"协同",是指异构平台的协作计算,如何分离信息内容与信息来源,实现协作过程中数据所有者的隐私保护,是处理层安全结构设计的关键所在。所谓"智能",主要是指信息的自动处理,以此实现对海量数据的过滤、分类、识别和处理,如何提高恶意信息的识别能力,提升智能处理技术对恶意信息的检测能力是处理层安全结构设计的另一个重要任务。此外,如何根据数据的来源、时效性、可靠性建立数据可信度的量化机制,真正实现加密数据的高效挖掘,也是处理层安全机制所必须解决的现实问题。

目前,处理层的安全机制包括:垃圾信息、恶意码的检测与过滤,安全多方协同计算和安全云计算平台的访问授权和灾难备份,数据的可信度量化,隐私保护和安全数据挖掘以及可靠认证机制等。

4. 综合应用层的安全结构

农业物联网应用是技术跨界合作的典范,其应用层充分体现了智能处理的特点,涉及信息技术与农业技术的紧密结合,包括业务管理、中间件、数据挖掘等先进技术。由于涉及众多行业,因此农业物联网面临广域范围的海量数据压力,系统内的信息处理和业务控制策略在安全性和可靠性方面也面临巨大挑战,特别是业务控制、管理和认证机制以及隐私保护等安全问题显得尤为突出。应用层安全结构的设计必须遵循差异化服务的原则。农业物联网应用系统种类繁多,安全需求各不相同,同一安全服务对于不同用户涵义也可能完全不同。因此,根据企业和用户需求提供具有针对性的安全服务,是应用层安全结构的核心设计理念。

在物联网发展过程中,大量的数据涉及隐私问题,而应用于农业中必然会对企业商业机密造成影响,如何设计不同场景、不同等级的隐私保护技术是当前农业物联网安全技术研究的重点。当前隐私保护方法主要有假名技术、密文验证(包括同态加密)技术、门限密码技术、叛逆追踪技术等。

5. 控制系统的安全架构

物联网应用于农业领域后,与农业控制系统是密不可分的,因此,在设计农业物联网层次化的安全架构时也需要考虑到与控制系统安全的联动作用。农业物联网信息安全主要解决在大规模、高混杂、协同自治的农业网络环境下如何安全采集、处理和共享海量的网络信息,其重点在于提升现有体系内的安全机制层级,关注保护用户隐私、高效处理海量加密数据等方面。与此同时,有关控制安全的研究主要针对在开放互联、松散耦合的网络化系统结构下的安全控制机制和结构,其热点聚焦于如何克服网络攻击对控制系统估计和控制算法的影响。

目前,控制系统的安全技术包括健壮网络控制、鲁棒估计、分布式估计以及容错控制。在控制领域,因尚未形成成熟的理论分析模型,目前只能借用传统的时延、干扰和故障模型研究其安全威胁,并用容错控制、分布式估计、鲁棒估计等实现安全控制。

农业物联网安全防护系列产品框架可分为四个层次。(1)应用安全:主要包括应用访问控制、信息内容过滤和网络安全审计;(2)网络安全:包括信息加密和认证、网络隔离交换、异常流监控、攻击防御、信令和协议过滤及信息溯源等;(3)终端安全:包括主机防火墙、防病毒和存储加密等;(4)安全管理:应用以上相关理念和技术所进行的常规安全机制。

围绕这些适用于农业物联网安全防护的措施,可进一步开发出相应的软硬件安全产品维护农业物联网安全。

参考文献

[1] 陈又圣. 射频识别技术与应用[M]. 西安:西安电子科学技术大学出版社,2020.

[2] 干天璨. 智慧园艺云平台的构建与应用:以郭河现代农业科技园为例[D]. 安徽农业大学,2020.

[3] 胡向东,李锐,徐洋,等. 传感器与检测技术[M]. 3 版. 北京:机械工业出版社,2018.

[4] 霍大伟. “互联网+”环境下的山东农业信息化发展探究[D]. 大连海洋大学,2019.

[5] 李道亮. 物联网在中国:物联网与智慧农业[M]. 北京:电子工业出版社,2021.

[6] 李家其,徐雯颖,叶婷,等. 智慧农业背景下的作物信息学:以信息获取、分析和智能决策为例[J]. 智慧农业导刊,2021,1(10):11-16.

[7] 刘慧涛,李会龙,刘金铜,等. 网络农业信息资源共享与开发利用研究[J]. 农业工程学报,2005,21(6):105-109.

[8] 刘颖. 基于物联网技术的水质网格化监测系统设计[D]. 西安工业大学,2022.

[9] 刘云浩. 物联网导论[M]. 2 版. 北京:科学出版社,2013.

[10] 马懿,林靖,李晨,等. 国内外农产品溯源系统研究现状综述[J]. 科技资讯,2011(27):158.

[11] 上官周平,邵明安,薛增召. 旱地作物需水量预报决策辅助系统[J]. 农业工程学报,2001,17(2):42-46.

[12] 谢磊,陆桑璐. 射频识别技术:原理、协议及系统设计[M]. 2 版. 北京:科学出版社,2016.

[13] 杨峰义,谢伟良,张建敏. 5G 无线网络及关键技术[M]. 北京:人民邮电出版社,2017.

[14] 杨燕婷,陈荆菡,许蕾,等.物联网背景下县域特色产业可持续性发展的路径探析:以安徽省霍山县石斛产业为例[J].中国产经,2020,(4):127—128.

[15] 尹武.畜禽物联网理论、技术及应用[M].西安:西安电子科学技术大学出版社,2022.

[16] 岳宇君,岳雪峰,仲云云.农业物联网体系架构及关键技术研究进展[J].中国农业科技导报,2019,21(4):79—87.

[17] 张晶.高光谱图像解混技术研究[D].哈尔滨工程大学,2011.

[18] 赵金涛.基于 Wi-Fi 农田自动灌溉系统的设计与应用[D].中国矿业大学,2020.

[19] 赵卫东,董亮.机器学习[M].北京:人民邮电出版社,2018.

[20] 郑纪业,阮怀军,封文杰,等.农业物联网体系结构与应用领域研究进展[J].中国农业科学,2017,50(4):657—668.

[21] 朱永超.稻田自动灌溉控制系统的研究[D].吉林农业大学,2022.